U0202421

# 假行家
# 猫咪指南

［英］薇琦·霍尔斯 著

之远 译

上海科学技术文献出版社

Shanghai Scientific and Technological Literature Press

图书在版编目（CIP）数据

假行家猫咪指南 /（英）薇琦·霍尔斯著；之远译 . —上海：上海科学技术文献出版社,2021

ISBN 978-7-5439-8254-3

Ⅰ.①假… Ⅱ.①薇… ②之… Ⅲ.①猫—通俗读物 Ⅳ.① S829.3-49

中国版本图书馆 CIP 数据核字 (2021) 第 006205 号

Originally published in English by Haynes Publishing under the title:
The Bluffer's Guide to Cats written by Vicky Halls © Vicky Halls 2018

Copyright in the Chinese language translation
(Simplified character rights only) ©
2021 Shanghai Scientific & Technological Literature Press

All Rights Reserved
版权所有，翻印必究

图字：09-2019-499

策划编辑：张　树　　　　责任编辑：黄婉清
封面设计：留白文化　　　　版式设计：方　明
插　　图：方梦涵

假行家猫咪指南
JIAHANGJIA MAOMI ZHINAN
[英] 薇琦·霍尔斯　著　之远　译
出版发行：上海科学技术文献出版社
地　　址：上海市长乐路 746 号
邮政编码：200040
经　　销：全国新华书店
印　　刷：常熟市人民印刷有限公司
开　　本：889mm×1060mm　1/32
印　　张：4.25
插　　页：4
字　　数：87 000
版　　次：2021 年 10 月第 1 版　2021 年 10 月第 1 次印刷
书　　号：ISBN 978-7-5439-8254-3
定　　价：45.00 元
http://www.sstlp.com

目录

顺便一提，谈论猫不会让人变得理智。

——作家兼幽默家　丹·格林伯格

# 猫 生 如 此

从一开始你就需要知道一件事：猫是世界上最受欢迎的宠物。光被人饲养的猫就有数亿只，更别提还有许许多多选择在野外生活的猫。在新兴经济体挖掘出猫科动物作为生活伴侣的潜力后，家猫的数量还在不断增加。猫在人类的帮助和调养下，适应了除南极洲以外每一块大陆的舒适生活。当然，在你读着这本书的此时，它们很可能瞄准了南极这个方向，正在南冰洋上航行。猫的终极目标是征服世界。

不管你喜欢与否，你的生活中到处都有猫。统计数据表明，你总会在人生中某个阶段想要讨好或是不得不讨好喜欢猫的人——也被称为爱猫人士（ailurophile），要是你想尽早树立自己假行家的身份，就这么称呼他们。如果你需要更多的动力来阅读本书，告诉你吧，很多人在选择伴侣时把潜在对象对自己宝贝猫咪的态度看得很重要，猫对那人的反应同理。去了解如何赢得你爱慕之人那被宠坏的小猫咪的好感总是值得的。

猫是谜一般的动物，即使经过几千年的驯化，它们对自己真实世界的情况仍然无所透露。倘若你靠近一只猫，仔细地观察它的眼睛，你几乎能听到它说："是吗？继续啊，机灵鬼，我现在在想什么？"事实上，本书所要宣讲的第一课便是，**绝对**不要凝视它们的眼睛。对猫来说，这是一种极其引战的行为，而你不大可能在它的攻击下轻易脱身。

借温斯顿·丘吉尔的话来说，猫咪们"扑朔迷离"，基本能理解为那些猫一直在嘲笑你。引用唐纳德·拉姆斯菲尔德[1]如今臭名昭著的一句话："我们并没有认识到自己不了解某些事情。"人类总是有效地避免对猫作为一个物种产生过多了解，总是保持着一种无意识的无所作为。事实上，爱猫人士一直在编故事，让自己相信各种关于猫咪喜恶的传说和幻想，并且顽固地抵抗那些与之相对的科学观点和经验之谈。对于大多数人来说，他们固执地认为自己对猫的看法是更有趣的。

因此，你陷入了两难处境：你是追求事实从而成为掌握真理、鹤立鸡群的少数人，还是从众去相信神话传说？《假行家猫咪指南》会引导你经由一些有趣事实铺就的康庄大道，顺利走过弯弯绕绕的小路，让那些喜欢编故事的人都点头认同你（假）行家的身份。（何必破坏那些让人快乐的错觉？）之后，你再决定自己到底走哪条路。

---

[1] 唐纳德·拉姆斯菲尔德（Donald Rumsfeld），美国前国防部长，1975—1977 年、2001—2005 年在任。——本书注释均为编者注

真正的假行家承认猫是神秘的，因此自己也不会对此夸夸其谈。根据假行家的作风，对于这个问题的重点不是该说什么，而是什么都别说。如果你慢慢点点头，摆出一副适当的深思熟虑的表情足够长的时间，你可以在此类对话真正开始之前就结束它。如果你觉得还有什么话要说，你就用书中所列的"猫咪小百科"来转移话题。如果其他的一切方法都失败了，你还能用上永远有效的话题终结者："我们真的能说是猫在被人驯养吗……"

---

我注意到人类最为猫欣赏的不是生产食物的能力，而是他们的娱乐价值。

——英国惊悚小说作家　杰弗里·豪斯霍尔德

---

科学不断前进，过去的事实成为谬论，取而代之的是总有一天也会不可避免地过时的新事实（见塞缪尔·阿贝斯曼的《失实：为什么我们所知道的一切有一半可能都将是错的》）。本指南将根据"当前"的事实和流行的信仰向有抱负的假行家提供信息，始终确保你能够避免陷入严肃的全面辩论。最好的办法是保持庄重的沉默，并且提出一两个相当无可争辩的观点，以确保你的听众不断猜测谁才是在场真正的专家。无论你做什么，说话都要带有自信和权威——这是成功向别人掉书袋而不遭讨厌的真正关键。

带着这些基本的法则，享受你的发现之旅吧。

## 你的第一份"猫咪小百科"

### 著名爱猫人士

历史上喜爱猫的名人包括温斯顿·丘吉尔、亚伯拉罕·林肯、查尔斯·狄更斯、诺查丹玛斯[1]、惠灵顿公爵[2]、维多利亚女王、艾萨克·牛顿、弗洛伦斯·南丁格尔、碧雅翠克丝·波特[3]、莫奈、威廉·华兹华斯[4]、霍雷肖·纳尔逊[5]和维克托·雨果……

引用你认为最能迎合听众的名字。如果你在游艇俱乐部侃上了，就提霍雷肖·纳尔逊，也可以提起诺查丹玛斯的大名来迎合阴谋论爱好者的喜好。

---

[1] 指米歇尔·德·诺特雷达姆(Michel de Nostredame)，诺查丹玛斯(Nostradamus)为其姓氏的拉丁化写法。法国籍犹太裔预言家，精通希伯来语和希腊语，留下以四行体诗写成的预言集《百诗集》(Les Propheties，1555)一部。有研究者从这些短诗中"发现"对不少历史事件(如法国大革命、希特勒崛起)及重要发明(如飞机、原子弹)的预言。

[2] 指第一代惠灵顿公爵阿瑟·韦尔斯利(Arthur Wellesley)，英国军事家、政治家，在1815年的滑铁卢战役中与布吕歇尔带领英普联军击败拿破仑指挥的法军，奠定了拿破仑战争中反法同盟的最终胜利。

[3] 碧雅翠克丝·波特(Beatrix Potter)，英国作家、插画家、自然科学家。她以描述动物的童书作品著名，有《比得兔的故事》等相关著作。

[4] 威廉·华兹华斯(William Wordsworth)，英国浪漫主义诗人，与雪莱、拜伦齐名，也是湖畔诗人的代表，曾被授以桂冠诗人称号。其代表作有长诗《序曲》(Prelude)、《漫游》(Excursion)以及与塞缪尔·泰勒·柯勒律治合著的《抒情歌谣集》(Lyrical Ballads)。

[5] 霍雷肖·纳尔逊(Horatio Nelson)，英国十八世纪末、十九世纪初的著名海军将领及军事家，在1798年尼罗河战役及1801年哥本哈根战役等重大战役中率领英国皇家海军得胜。他在1805年的特拉法加战役击溃法国及西班牙组成的联合舰队，但本人在战事进行期间中弹阵亡。

# 猫 的 时 间 线

分类学(物种分类)的知识总是很有用的，特别是在你发现自己陷于"猫"(cat)这个词被"猫科动物"(feline)所替换了的情况下。兽医和动物福利领域的不少人会把"猫"和"猫科动物"这两个词相互替代使用，通常不会有太大问题。然而，当你参观自然历史博物馆或动物园时，你可能想给同伴留下深刻印象，在这种情况下，你或许需要引用以下内容(深呼吸，尽可能多地把它们记住)：所有的生物都被分为纲、目、科、属、种。家猫属于一种食肉的(目＝食肉目)哺乳类(纲＝哺乳纲[①])猫科动物。而猫科包含三个亚类，即猫亚科、豹亚科和猎豹亚科。猎豹亚科仅有一名成员猎豹(被单独分为一个亚科是因为猎豹的爪子不会缩进爪鞘)，而豹亚科则有狮子、老虎、美洲豹以

---

[①] 原文作"order = Mammalia"(目＝哺乳纲)，应为作者有误。

及豹①。猫亚科包含所有的小型猫科动物，例如猞猁、薮猫、虎猫、狞猫、细腰猫、丛林猫和兔狲（这些例子足以强调你的知识水平了）。宠物猫是一种驯化的欧洲野猫亚种，被称为家猫。你或许永远也不会需要用到这些知识，但它们已经为你了解现代家猫及其进化过程的下一段旅程打下了基础。

## 适者生存的猫科动物

进化论认为，能够生存下来的动物类型是那些能够改变和发展自身以利用地球上不同的气候和自然条件的。很少有动物能比猫做得更好。所有的食肉动物都是从小古猫进化而来的。小古猫是一种黄鼠狼模样的小型林栖食肉动物，它们那时或许已经有了能缩进爪鞘的爪子。或者严格来说，是可伸缩的爪子（因为这种爪子能伸出爪鞘，也能缩回去），正如我们如今熟知并喜爱的家猫一样。小古猫中的许多个体进化成了早期的"猫"，其中最著名的是剑齿虎，长有巨大的镰刀状上犬齿。有一点是肯定的，当今的虎斑猫不是从剑齿虎进化而来的。该物种在 13 000 多年前就已灭绝。人们普遍认为，所有猫的世系都可以追溯到大约 1 100 万年前在中亚地区游荡的中型猫科动物——假猫。到 300 万年前，猫科物种的多样性已经显现，与现存的一系列物种相似，但

---

① 原文作"lion, tiger, panther, jaguar and leopard"。在北美洲的一些地方，panther 被用来指美洲狮（cougar）；在南美洲，则用以指美洲虎（jaguar）；而在其他地方，用以指豹（leopard）。故此处未将其列入文中所列举的豹亚科动物中。

多样性程度甚至比现在还高。岁月洪流中的艰难跋涉也将你带至今日此时。

## 猫的解剖学

　　猫在解剖学和生理学的某些特定方面已经通过进化达成了改变和适应，以求能够良好地契合它们在大自然中的生存环境和角色。无论猫是生活在野外，还是过着被疼爱它的主人精心呵护的奢侈生活，它的解剖学和生理学构造都是一样的，它以特定方式行事的能力和动力也不会改变。要是你确实想对猫的行为有真正的了解（或者只是想弄明白它除了在壁炉边肚皮朝上、瘫着不动外还应该会做些什么），你必须从基础开始，探究猫的身体构造。

---

　　起初，上帝创造了人；看到人如此孱弱，就给了他一只猫。

　　　　　　　　　　——知名宠物行为专家　沃伦·埃克斯坦

---

　　家猫（再强调一下，这本书说的是"猫"，而非"猫科动物"，因为不会提到狮子、老虎等）是一种小小的、毛茸茸的动物，成年后体重大都在2—5千克之间，除非该个体严重超重或它本就是比正常品种个大的猫咪（详见"优良育种"）。猫咪的平均肩高为12英寸（27厘米），有一条长长的尾巴和四条腿。当然，也有例外——一些猫只有三条腿，或没有尾巴，或没有耳朵，所有这些都是由于兽医为了补救意外的损伤或疾病而做的干预。若你遇到

这种"改良版本"的猫咪，最好还是不要表现出任何惊讶之色（绝对不要表现得很想笑或者很讨厌），而是应该向主人坦诚猫科动物不可思议的适应能力，并礼貌地询问造成猫咪损害的原因。（总之，不要大声怀疑它是否应了它主人给取的"幸运"这个名字。）在大多数情况下，在猫快速移动时，你不大会注意到它少了条腿或是尾巴，而"没有耳朵"的情况只会让猫看起来像一只愤怒的水獭，对它们的听力也没有影响。

它们也有各种颜色和图案，最常见的有黑色、姜黄色、虎斑纹（通常是深棕色中夹杂浅棕色，也可以是灰色或姜黄色的条纹）、黑色、白色以及玳瑁纹。一些血统特别的猫有着与身体颜色截然相反的深色面孔、尾巴和脚，被称为"重点色"（point）——到后面的内容中，当你沉浸在"纯种猫"的魅力世界中时，会出现更多这样的猫。猫的眼睛可以是绿色、蓝色、琥珀色，或两只分别是不同颜色的，总是保有一丝神秘。其被毛的长度从经高度保养的长毛到卷曲的短毛不等。大多数猫咪的被毛都短而柔软，易于打理。

与它们的人类同伴相比，猫有着超强的感官：它们能闻到我们闻不到的东西，比如你裤子上另一只猫的气味（你已经被警告过了），或者你用来蹭鞋底的前门垫子上不小心踩到的粪便的余味。几乎不可能在以猫为圆心的50米半径范围内吃奶酪（许多人的最爱）而猫的注意力不被奶酪的香味所吸引。猫可以听到超出人类听力范围的超声波，它们通过脚和胡须感受极为微弱的振动，而我们却无法感知。如果你身处旧金山或其他地震多发区，发现附近的猫突然显得焦躁不安，你完全有理由感到害怕，而且建议你赶紧找一张结实的桌子躲它底下。正是这种高度感知力，使得许多人相信猫具有超自然的第六感这一迷思。你可以通过向这些人指出"其实不过是因为猫对周围环境的关注度比人类高得多"，从而为自己赢取假行家的资格。

猫是如此独特的、由各色奇谲特征组合而成的造物，它们的这些特征值得你涉足了解，从而使你周围的人闻之即挫败、听之便惊异。尽情地在提到"猫"这一话题的任何社交场合中任意引用以下内容（当然，只是因为你已经提起了这一茬）：在某些圈子里，猫的话题相关度绝对不会比"你在哪一行干"或者"你的小孩在哪里上学"低。

## 鼻子

猫的嗅觉大约比人类强 14 倍。这样的数据要是达不到语出惊人的目的，你总是可以诉诸"你知道它们的鼻子里有 2 亿个对气味敏感的细胞吗？"这样的问句。

猫的口腔顶壁有第二个气味感受器官，叫做犁鼻器[①]，使它们能够"尝"到非常明显的气味（通常是尿液的味道，不过你也可以随喜好选择是否把这部分放着不提）。

---

[①] 犁鼻器（vomeronasal, VNO），或称"雅各布森器""茄考生氏器"（Jacobson's Organ）。

## 眼睛

猫看不清楚 20 厘米以内的物体。听着奇怪，但这是真的。

猫的眼睛后部有一层反射膜（明毯[①]），使它们得以最大限度地利用低光照的条件，实现"夜视"的能力。

## 胡须

胡须又被称为感觉毛。猫在鼻子、眼睛上方、下巴的两侧共有 24 根胡须，更令人惊讶的是每条前腿后侧也有。

在靠近猎物时（鉴于猫如此远视，近身攻击是非常必要的），胡须会辅助狩猎，猫会向前移动以精确地判断猎物的位置。

## 牙齿

成年猫共有 30 颗牙齿：12 颗切牙（前面那些矮矮胖胖的牙）、4 颗犬齿（顶部和底部长长的"獠牙"，但如果你希望自己的发言保持可信度，就不要管它们叫"獠牙"）、10 颗前臼齿和 4 颗臼齿。

猫在 5—6 个月大的时候会失去乳牙（称之为"乳齿"或"暂牙"），为成牙所取代。

---

① 明毯（*Tapetum lucidum*），又称"脉络膜反光毯""透明绒毡层"，是大多数脊椎动物具有的眼睛结构。这层结构就像镜子一样将视网膜里的光线反射回去，并再次投射到视网膜上，进而使得动物在有月光、星光等低光照的环境下看得一清二楚。因为这个反射结构的关系，导致有部分光线会从动物的眼睛里反射出来，使得动物的眼里发出显眼的亮光。大部分的脊椎动物都长有明毯，而灵长目除了原猴亚目以外都没有这种结构。

## 舌头

猫的舌头非常粗糙，几乎像砂纸一样（若是打算和猫咪作近距离的亲密接触，请做好万全准备）。上面覆盖着一千多个微小的齿状刺，叫做舌乳头。

这些钩形的刺是猫用来梳洗毛发、祛除猎物的毛发和羽毛的。

## 大脑

猫后脑内的小脑负责协调平衡、姿势和动作，在猫身体中是相对较大的部分。下次你看到一只猫从花园的篱笆上掉下来、用脚着地的时候，你就会发现了解这一点或许相当实用。

猫是情绪化的动物，除了本能的恐惧和攻击性，它还能感受到一系列复杂的消极情绪和积极情绪（大可引用神经科学取得的进展作为你的证据）。如果你觉得你可能会就这一点被要求拓展讲更多内容，那你可能需要用"你知道猫的大脑平均长 5 厘米、重 30 克吗？"讨论关于猫咪大脑的部分，而枯燥的数据不大会引起进一步的讨论。

## 耳朵

猫的外耳被称为耳郭（那些不时会被手术切除的部分，见前文），由 32 块独立的肌肉控制，可以朝着声源做出 180° 的旋转。惊为天人啊。

猫耳的角度是判断其情绪的一个重要指标。倘若猫的耳郭扁平、向后旋转甚至是从正面没法看到，千万不要靠近它。不可否认，前文提到的"被切除了耳郭"（pinnectomized）、暖心友好的小猫咪已经很可怜了，你自己何必再去冒这种险？（以防你看不明白"pinnectomized"这个词：试着把它拆解一下，你就会得到 pinn = 耳朵，ectomized = 通过手术切掉。）

## 骨架

猫的骨架以瘦长的肌肉支撑，因此给予它们高度的灵活性（你能舔到自己的屁股不？或者有半分想去舔的意思不？）和很强的弹跳能力。

猫没有像人类一样的锁骨（collarbone），而是拥有能"自由移位"的锁骨（clavicle）。这样的锁骨让猫有本事把自己缩小，以钻过小得不可能的缝隙。它对猫的生存大有裨益，但让躲在松动的地板下或是炊具后头罅隙里的某些小型哺乳动物日子很不好过。

## 爪子

猫用脚趾走路，要称这种行走方式叫"趾行"（digitigrade）。务必注意，在公开场合读"digitigrade"这个单词之前，预先在镜子前好好练习一下，这几个音节相当棘手，往往会让你不由自主地滴下口水来。

猫的腕关节上有个小肉垫，叫做止滑垫，据说在跳跃时用做防滑装置。（对摩托车发烧友来说，这么说很酷。）

尾巴

猫用它的尾巴来保持平衡（对于手术切除了尾巴或先天没有尾巴的猫来说是坏消息）。

猫是唯一一种能够在行走时保持尾巴垂直竖起的猫科动物。要是它以这种方式接近你，那这是个好消息。因为竖着尾巴意味着它很快乐，而且没有撕破你脸皮的意图。

关于《进化论》的最后一句话：如果你发现自己同神创论者共处，你可能会想把《圣经》上的引言改编成"上帝创造了猫；其他一切都从那时起开始走下坡路"。你或许会遭到听众的抵制，可如果不老是做一些危险的事情，那该上哪儿去找乐子呢？

**猫咪小百科**

著名的恨猫人士

拿破仑、墨索里尼、希特勒和成吉思汗。

数千年前，

猫被当做神来崇拜。

猫永远不会忘记这一点。

———佚名

# 驯 化 和 神 化

## 门口的爪子

对于猫被驯化的时间，争论尚存，所以你大方地承认每年都有能使一些当代理论随之转向的考古新发现的证据就行。2007年发表的对猫的遗传学研究声称他们能够证明：家猫最早起源于近东地区早期的农业化新石器时代聚居地（伊拉克、利比亚、叙利亚、以色列、科威特、土耳其东南部和伊朗西南部）的五种猫科祖先。起码是 10 000 年前，甚至更久。这五种猫科祖先的后代随后在人类的帮助下被运送到世界各地。"基因研究""近东地区""新石器时代的聚居地"等等词汇的使用多半能让你在驯化时间的话题上站稳脚跟，不过谨记切勿舍本逐末——最好还是坚守大多数人了解并喜爱的埃及人的玩意儿。

大多数狂热的猫咪爱好者至少曾经读到过：随着传统游牧生活方式的停止，农作物的储存变得更加重要。谷物会引来啮齿动物馋涎，而啮齿动物会引来野猫。这些猫，比如现在的亚非野猫，被埃及人用残羹剩饭招待而挽留了下来。丰富的食物（既有捡来的，也有捕获的），没有天敌或人类威胁，猫的殖民地很快就形成了。一旦你觉得自己获得了听众的热切关注，就会想在此基础上展开，更详细地介绍介绍你个人对古埃及猫咪生活的见解，包括以下一些细节：在古埃及，所有谷物都储存在皇家粮仓里，如此一来，大量集中的食物引来了大量老鼠。事态严重，法老必须找来尽可能多的猫，来保护珍贵的粮食。想把所有人家里的猫充公，可谓难于登天。所以，法老一次天才之举，把所有的猫变成了半神。

## "猫坦卡蒙"

一个凡人不能拥有一个半神（只有一个神可以对半神行使主权），但凡人可以负责照顾半神。晚上，埃及人把他们的猫捎去谷仓上班，早上再把它们带回家。尽管所有的猫都算是法老的财产，但养猫的平民还是因为这项服务获得了税务减免，并认养作为受抚养对象的猫咪。你可能会发现，在你周身围成一群①、自称无猫不知的机灵鬼察觉到了此版本历史叙述的纰漏，絮絮叨叨：

"你能想象这种事吗？要把自己的猫带到本地粮仓让它上班，再在早上把它带回家？"

"我的猫在下班的哨响之前就会自己跑路，因为它已经干够

---

① 原文作 "clowder (the collective noun for cats and always useful to know)"，clowder 意为"一群（猫）"，故有括注内"知道一下猫的集合名词也挺有用"的说法。

了——前提还得是它一开始竟然真开工干活了。"

"要是我的猫意识到它从熟睡中被唤醒，是为了要和一帮子别的猫去干活，它真的会轻轻走掉，不留下一丝灰尘。"

"把我的猫带去那儿倒是没问题，但以后可别想再见着它了，它会自己找一个更了解生物钟重要性的人，搬去他那里。"

此时，你最好发自肺腑地开怀大笑，马上换个话题——完全和猫不相关的也行。你若是很勇敢——有勇无谋的那种勇敢，甚至有点醉意，就继续概括总结："无论如何，在埃及家庭中，猫总是被放在第一位。毕竟，人只是人，猫却是半神。"加上一句反讽："有人会说，这在今天也是一样的。"

等到你那些拍着大腿大笑叫好的听众最终停下来，你可以继续展示你对那段历史的深刻了解，告诉他们：在古埃及，一只猫死后，容留它的家庭会举行哀悼仪式。他们会剃掉自己的眉毛，捶打自己的胸膛，以表悲恸。他们把猫的尸体包裹起来，并带到祭司那里，确保猫的死亡是自然因素（杀死或伤害猫都是死罪一条），然后对猫的尸体进行防腐处理。人们便开始相信，猫对他们的健康和财富有直接的影响。你不妨补充说：二十世纪初，在法老陵墓中发现的许多经过防腐处理的猫被带回英国，碾碎后被用做了肥料。如果他们想瞧瞧"猫乃伊"什么样，去康沃尔郡圣迈克尔山城堡的地图室就行了。[①] 没有人知道它到底是如何被带

---

① 2013 年，英国康沃尔郡的一名男子发现他家阁楼上的一只毛绒猫实际上是一个两千年前的木乃伊，在其家中已经放置了五十多年。

到那里的，所以你可以轻率而大胆地进行猜测。此时，你可能会发现你已经失去了大部分的听众，但它仍然是一个猫咪相关的保留话题，以备不时之需。

## 猫的劫难

　　人群散去，或许还能留下那么一个仰慕你的听客，他想知道更多猫咪驯化时间线的相关信息，而你把话题补充得更完善的机会来了。在你的话语中，猫穿越了地中海，得以在其他大陆上繁衍生息。事实上，在古埃及鼎盛时期之后的几个世纪中，猫仍然因其超自然能力而受到人类的尊敬。话到此处，或许可以抛出你早已牢记于心的一句话："猫对周围环境的关注度比人类要高得多。"事实如此，猫在欧洲继续受到崇敬，在宗教团体中取得了更高的地位，并参与各种宗教活动。然而，如此轻易而长久地拥有上述地位，得付出不可避免的代价。若你觉得此刻有必要，就提一嘴中世纪的法国用猫做祭品以祈求大丰收，它们也被看做是女巫的家属。天主教会也不太喜欢猫。在十三世纪，教会禁止人们崇拜类似猫的神灵。猫被认为是魔鬼的化身，数十万只猫被折磨并杀害，猫的数量锐减90％以上。其数目继而受到黑死病的影响，许多猫被误信为黑死病传播载体而被扑杀。真不是当猫的好时机。

　　可惜，情况未见好转，甚至变本加厉。直到十九世纪，在欧洲各地，猫仍然在各类仪式中被屠宰或折磨。不过，让你所剩不多的听众放宽心，感谢维多利亚时代的人们，猫的救赎虽迟但到。在英国，到了十九世纪中叶，猫已经恢复了它们在家庭中应有的地位。1871年，第一场猫展在伦敦南部的水晶宫[①]举行。组织者显然决心改变公众对家猫的看法，并在很大程度上取得了成功。

## 猫的"逆袭"

你甚至可以通过对时代潮流的评论，让自己对猫咪的吹嘘与时俱进。例如，如今与猫相关的图书都有诸如《猫的瑜伽》《惊魂小猫》《猫需要心理医生吗？》这样的书名。主人在外出度假时，会把他们的猫寄养在宠物店里，并把它的照片放在钱包里，给任何感兴趣的人看。养猫是耗资数百万的大手笔：主人出门不在家，一大笔钱得用来支付兽医账单、买玩具、买吃的，甚至是买些逗无聊家猫开心的影碟（2001年的喜剧电影《猫狗大战》显然是大热之选）。你最后的壮举可能是用自己死去猫咪的骨灰做一颗钻石；或者，作为最终的纪念，用它们的DNA克隆它们。

不管你信口开河些什么，只要你不想成为永久的"社交贱民"，就千万别说"它就是只猫而已"这样的话。仇猫人士才说这种话，而且这话一旦说出口，就会被当场定性，永不翻身。切记！

---

① 水晶宫是一座以钢铁为骨架、玻璃为主要建材的建筑，是十九世纪的英国建筑奇观之一，也是工业革命时代的重要象征物。它原先是世界博览会首次于1851年在伦敦举行时的展示馆，1936年11月30日遭焚毁。

## 猫咪小百科

### 世界各地的迷信

人们相信虎斑猫可以带来好运，尤其当它自愿到你家住下时。又一个昭示你会发财的迹象。

英国人认为，假如一只黑猫从你面前经过，好运随之而来。美国人则觉得会倒霉。

# 生 命 中 的 一 天

猫的大部分活动都在自己的家中进行，但是许多主人都神经质地多虑，担心它在户外而自己看不见的时候发生意外。有些主人甚至会把GPS追踪装置安到猫的项圈上，以便下载它活动情况的信息，要么就是用GPS在它晚回家喝下午茶的时候找到它。可除非猫随身带着照相机，否则它的私生活在很大程度上仍是秘密。然而，假行家可以有十足的把握假设，猫咪的活动涉及以下猫科动物主要兴趣的组合：睡觉、排便、梳洗、巡视领地、狩猎和吃饭。

要想了解宠物猫，明智的做法是先观察观察野猫（生活在野外的猫），凭此了解猫在没有人类干预或帮助的情况下的自然行为。野猫通过捕杀猎物维持生命。它们是捕猎啮齿动物的专家，喜欢在黎明和傍晚时分捕猎（晨昏猎手）。正是此时，它们的目标猎物最是活跃。当然，猫也可以毫无磕绊地适应在其他时间捕猎，主要取决于它们可捕捉的猎物类型，或者是否有机会捕获猎物。

根据可捕捉猎物的数量，野猫的狩猎时间或长达 12 小时，并且可以在一次狩猎中往返行进 1 英里（1.6 公里）。（考虑到它们在行动过程中有多少保持隐蔽和静止的时间，1 英里算是相当大的覆盖距离。）对于野猫来说，生活是艰辛的。在猎物稀缺的时段，捕捉一只老鼠需要 70 分钟。小兔子在特定的季节很受野猫青睐（正如成年兔子在严酷的冬天一样），因为它们的平均体重是一般啮齿动物的十倍，但只需要五倍的时间来捕获。野猫总是会选择努力最小化、回报最大化的方案。要注意，为了增加言辞的可信度，假行家使用"野猫"这个词时最好不要多此一举地说它是"流浪猫"。

---

猫是一支神秘的种族。它们心中的想法比我们所能了解的多得多。

——沃尔特·斯科特爵士

---

你常常会听到这样的论调：猫是导致鸟类数量减少的罪魁祸首，但事实上小型哺乳动物才是猫的主要食物来源。你或许会发现自己被卷入一场关于猫对其他野生动物影响的辩论。自从 1997 年英国哺乳动物协会[①]发布的一项研究报告称"英国每年有 2.75

---

[①] 英国哺乳动物协会（The Mammal Society），英国慈善机构，成立于 1954 年，致力于研究和保护英国的哺乳动物。

亿只动物被宠物猫杀死"，这场辩论就变得特别激烈。这项研究其实是将 696 只异常活跃的猫作为样本而得到的有硬伤的数据，该机构就是以此来推断出英国 900 万只猫所造成的影响。无论研究方案是否存在缺陷，目前仍有许多环保主义者和讨厌猫的人笼统地将猫妖魔化。而现实中，关于猫对其他野生动物的影响存在巨大的分歧。许多资料表明：猫主要捕杀那些营养不良或是生病的小动物，而这样的动物不管有没有猫来捅最后一刀，都会很快死亡。这个话题最好还是不要提，它往往会导向一些对猫的攻击性言论，这不是假行家的目的。

如果一只猫没有在捕猎——大多数猫其实都不太需要捕猎，那么它就会去巡视自己的领地。"领地"包含了猫咪生存所需的所有区域。猫咪领地的核心区域，或称"巢穴"，是一个隐蔽的、不受威胁的安全地带，也是狩猎间隙它可以安睡、进食和休息的地方。猫的巢穴通常在你家的某一处，甚至往往是你的整个家。除了构成领地中心的核心区域外，还有一个区域也是猫会积极防御他人来犯的，称为"巢域"[①]。在受猫护卫的巢域之外，是它们在其中漫游并猎取食物的整个区域，被称为"狩猎范围"。所有这些区域都有不同的大小，而它们的范围则取决于周围其他猫的数量和这些猫的相对攻击性（或者是领地主人的相对攻击性）。

在整个领地内，猫会有既定的路径和通道，经常会在特定的

---

① 巢域（home range）指的是动物生活和定期移动的区域。巢域的概念由 W. H. 伯特于 1943 年提出。

时间好好对这些道路又碾又踩——特别是在当地其他猫的数量较多的情况下。在其疆域内，猫还会留下自己的气味痕迹，要么用前爪抓挠，要么在其他物体上用脸摩擦，要么在垂直表面上喷尿。

当主人不在身边或者猫在户外时，它会有什么样的行为，并不是什么难解的谜团。它只是简单地执行各种基础的生物本能——标记领地、打架（尽管大多数猫都尽最大努力避免打架）和偷吃其他猫的食物。有些猫把注意力集中在老鼠身上，有些猫认为树枝或蠕虫是适当的玩物。就算一只猫对家里的食物总是感到满意，它仍然想捕猎，但对所"捕获"猎物的营养价值却不甚在意。事实上，对大多数的猫来说，去光顾另一只猫的主人家偷吃的，要容易得多。

## 主人的早晨

典型家猫的一天通常要比主人早几个小时开始。如果猫有其他计划，那么对于猫主人来说，睡个安稳觉就成了一种存在但难以实现的奢望。猫的自然睡眠／觉醒周期使它在黎明和黄昏时分最为活跃（在讨论猫的习性时，别忘了提到"晨昏"这个高级的词），所以任何一个睡前把卧室门半开着的主人都是在自找麻烦。

猫在凌晨4点起床，以惊人的速度蹿上楼，向主人宣布自己的到来。主人最终不情不愿地在凌晨4点07分左右起床，放下一碗食物，妄想能睡个回笼觉。这只猫，这只至少四个小时没吃过东西的猫，嗅了嗅它的早饭，吃了一点（为什么不吃呢？猫就是这么投机取巧），然后带着安详而无动于衷的神情看着主人回到床上。大约十五分钟后，猫会再回到卧室。这次它会潜入床底下，仰面旋转，用爪子扒着床架的底部把自己拉起来。它的主人又爬了起来（现在还不到凌晨 4 点 30 分），从衣柜里拿出一个羽毛玩具，把这小动物引诱到楼下。

不到半个小时，这只猫又开始无聊，但却昏昏欲睡，而它的主人在沙发上睡得正香。早上 6 点，主人在沙发上醒来，回到了床上。五分钟后，猫跟着跳到床上，不停地咕噜咕噜叫，流着口水，有节奏地踩着羽绒被。假行家应该晓得，这种奇怪的行为是在模仿小猫用来刺激母猫乳头分泌奶水的举动，流口水则是对食物的期待。然后，猫会把一只爪子塞进主人的鼻孔。主人可怜兮兮地嗷叫着，把羽绒被拉起来盖过头顶，以避免流更多的血。愚蠢至极！这样就让一个脚趾露了出来，而猫会觉得这是一只小型哺乳动物，继而猛扑上去。主人又爬起来，再喂它一次，接着打开后门让它出门去。主人等着它离开，猫却坐在门口，思考离开家到底是不是安全。过了十分钟，它终于下定了决心。又过了五分钟，它出去了。

现在是早上 6 点 30 分，猫正在巡逻自己的领地：它嗅遍所有灌木丛、栅栏和垃圾箱，寻找敌人所留下尿液的蛛丝马迹。它发现了几处，大部分是隔壁 9 号养的"普雷舍丝"干的。好在尿了有一会儿了，警报解除。为了领先，它把尿液喷在了刺桐、薰衣草、烧烤架和花园垃圾桶上，然后在 5 号的菜地里把膀胱完全排空。当时间快到早上 7 点 40 分，它在 3 号房子边上的小巷里把肠子排空，通过给猫出入的小门钻进了另一栋房子里，吃掉了"小煤球"吃剩下的东西，又对住在5号的"条纹仔"故技重施。然后，它回了家。

现在是早上8点，它在自家后门外嚎叫，不断地抓门挠门，直到门神奇地自行开了。它这么做只是为了吃掉自己没吃完的早餐（不容易，它已经额外吃了两份），然后按顺序洗脸、洗爪子、"洗"屁股。它已经准备好要睡觉了，所以它蜷缩到次卧里给客人睡的床上，在早晨阳光的沐浴下开始睡觉，而它的主人正要出门上班。它酣然入眠，不受惊扰地睡了9小时47分钟。到了下午6点05分，它醒来，伸伸懒腰，清理了身体两侧和屁股。不久之后，它就溜下楼，在前门等着，期待主人的归来。又不久之后，它高兴地看到主人回来了，便绕着主人的腿蹭来蹭去，坚定地在厨房的柜子前来回小跑。在厨房里，主人又喂了它一次。四分钟过去了，这猫正站在后门边上，盯着它的主人，发出哀怨的喵喵叫。终于，门被打开，它出了门。接着是三十九分钟的巡逻、喷尿、撒尿、排便、坐在棚子上发呆。晚上7点，它回到自己的"圣殿"，和主人们坐在一起——总算是两个都回家了。其间，它一度犯了渴求主人关注的毛病。直到两个小时后，它又出门去了。晚上11点，主人在外面不停地喊了它十五分钟，直到它回家过夜。它一觉睡到凌晨4点：欢乐的一天又开始了。

没啥玄乎的。这就是家猫生活中普通的一天。

## 猫咪小百科

**你知道吗？**

1. 猫的平均胃容量为 300 毫升（10 盎司）。比半品脱[①]牛奶要多，尽管大多数猫更喜欢在胃里装满沙丁鱼。

2. 与完整无缺的猫相比，绝育后的猫维持体重所需的热量会明显减少（最多减少 40%）。

---

① 此处指英制品脱，1 英制品脱合 0.5683 升。

最小的猫科动物本身就是杰作。

——列奥纳多·达·芬奇

# 优良育种

如果你想成为最成功的猫咪假行家，你需要进入一个全新的世界——血统和猫展的世界。起初，1871年英国首个猫展的组织者哈里森·韦尔意在促进人类对猫的照顾和猫咪福利。他见证了猫所受到的忽视和虐待。作为一名真正的爱猫人，他想教育人们并劝阻人们不要虐待猫咪。遗憾的是，21年后，他放弃继续在猫展上当评委，因为他对自己的努力所能取得的结果不再抱有幻想。他意识到，养猫人更关心的是如何赢得奖项，而不是促进猫的福利。这种情况如今是否有所改善，假行家可以自行下定论，但无论如何都不要大声说出来。爱猫人士是出了名的敏感易怒。

在英国，大多数猫都被称为"非纯种猫"（moggy），是在没有任何人类干预的情况下，以自然的方式繁殖而来的。在维多利亚时代，爱猫人士开始有选择地进行繁育，以培育出具有特定的身形、颜色和被毛花纹的猫。早期的品种屈指可数，主要有波斯猫、暹罗猫和缅甸猫。现在，据官方统计，猫的品种数超过了

80 种。当你读到这里时，可能正有两个新品种在生产线上培育，因为培育者一直在努力生产最新的"设计师"品种。现代猫的血统造就的无疑都是漂亮的动物（除了一些令人震惊的例外），它们的培育是考虑到现代宠物主人的需求而设计的。这些猫通常乐意数个小时坐在主人的膝上或肩膀上，和主人"聊"几句，愿意在外出散步时被主人拴绳牵住，对伦敦公寓内或郊区的别墅里的室内生活有更高的容忍度。猫的世界里总有能让所有人喜欢的特质。

## 培育基础

理论上，任何人都可以成为"铲屎官"。不过，养猫的人确实集中于那些 50 岁以上、爱穿猫咪印花衬衫的人，养猫本身也确实于他们身心有益。纯种幼猫需要在猫科动物管理委员会（简称 GCCF，成立于 1910 年）这样的机构注册，他们有严格的标准规定猫必须符合哪些特定条件。一旦付好钱，这位新上任的铲屎官就会收到一只有纸质"血统"的小猫，其血统证明上标明了它的世系（通常是雄性亲代和雌性亲代）以及祖父母等等。仔细看猫的血统证明，往往会发现一些问题，例如一只小猫的父亲也是它的曾祖父，但这就是纯种猫培育业的本质。某些纯种猫的"基因库"非常小，也就意味着它们没有足够的"种群数量"来避免某种形式的乱伦行为，但纠缠于这种事情或许已经远远超出了一个假行家的职权范围。

培育者在规范幼猫的未来行为中起着最根本的重要作用，他们不能只考虑猫的颜色、花纹和身形。他们也要负责让猫接受、适应"宠物"这一身份，并通过被称为"早期社会化"（early socialization）的过程来达成这一目的。你要是比普通培育人员更了解这个过程，就能让你身周的听众大吃一惊。基本上，猫（小猫）在发育过程中均存在一个"敏感期"。在这一时期中，它们对学习、认知其他生物与其所处环境中的新事物都特别容易接受。敏感期通常发生在小猫2—7周大的时候。由于大多数纯种猫在12—13周大之前都不会离开母猫，所以对纯种猫进行早期社会化的干预完全由培育者负责。

## 帮猫适应人类家庭

在此类讨论中，一个很实用的词是"习惯化"（habituation），习惯化是神奇的社会化过程中一个重要的因素。习惯化的本质包括让小猫尽可能多地接触正常家庭环境中可能看到的景象、听到的声音、尝到的味道、触摸到的质感和闻到的气味，例如吸尘器的声音和振动，或皮革沙发和布面椅子的触感和气味（是否足够优质供猫咪抓挠）。以负责任且循序渐进的方式，让新出生的小猫接触到它未来可能遇到的一切，是优良育种的标志。当你的邻居感慨她新买的"蒙古猫"（这一特殊的品种还不存在，但用不了多久了）习性不佳时，你就需要知道习惯化在其中的作用。你可以同情地问她："你知道那个饲养员是怎么给这猫做社会化训练的吗？"这么一问，你不仅表现出自己博学，而且还证明了自己是个富有同情心的人。

---

对于纯种猫的主人，没有什么比他们心爱的猫咪被误认为是劣等畜生更让他们感到羞辱的了。

---

下一个重要阶段是辨识出所有呈现在每个品种身上令人费解的变异。就算是真正的专家也很容易不时出错，但你总是可以避免犯这种错误，因为首先你就不要去冒险猜一只猫的血统。对于纯种猫的主人，没有什么比他们心爱的猫咪被误认为是劣等畜生更让他们感到羞辱的了。要是没有十足把握，就别想着去向别人科普一只猫的血统，这样不可避免地会浪费很多时间，不如等到主人自豪地宣布它到底是什么品种。

在把后文中那些最常见的品种猫的具体信息记在脑子里之前，这里有几个大概的要点：

大多数品种猫的寿命在 12—15 年之间，有的稍短些，有的稍长些。不用说，猫咪寿数几何就像买彩票一样。而有些猫，尤其是暹罗猫，可以活到 20 多岁（尽管它们在临近死亡时不会很好看）。

如果有人告诉你没有毛的品种对人来说是低致敏性的，你只须自信地回答：没有这样的事情。人类会对猫的唾液、皮肤和皮脂腺中的蛋白质过敏，因此无论怎么把猫毛剃光或是培育出基因突变而有毛发生长障碍的品种，都不会对改善过敏有任何用处。要是上述对猫进行的"改进"行为确实让某些人不再对猫过敏的话，他们可能本来就是假装过敏。

一般来说，品种猫要花很多钱。有些很贵的品种猫，例如玩具虎猫看起来就和虎斑土猫差不多（也很有可能就是虎斑纹的土猫）。迷你猫、长毛猫、大耳猫、侏儒猫如今在市场上自有流行趋势——只要给猫的变异特征起个名字，就会有相应的市场。此外，最好了解一下的是这些血统高贵的品种猫往往携带一长串可遗传的先天性疾病，这点可不是潜在主人在培育者的网站上能轻易看到的信息。这些都是猫咪世界里的情绪化话题，所以要尽量避免。但请不要拘泥于向那些在市场上购买新型品种猫的人提及最后一点，因为这样能强化你的专家"人设"。

## 猫咪品种

以下是对最常见的品种猫及其品种特色的简要介绍，其中的信息足以让你在吹嘘这些品种时听起来相当渊博。

### 阿比西尼亚猫

阿比西尼亚猫是一种相当漂亮的中型短毛猫，被毛的毛尖呈深色（在它们的毛发末端有一种与浅色底毛不同的深色）。其长毛变种被称为索马里猫，那身长毛使得索马里猫非常不适宜生活在用以命名它们的那个炎热国家。

### 亚洲猫

亚洲猫就是一种颜色不同的缅甸猫——看看这有多让人迷惑？亚洲猫一般是短毛猫，但也有被毛较长的品种——蒂凡尼猫。黑色的亚洲猫则被称为孟买猫。

## 巴厘猫

被归类为半长毛猫（就想象一下有更多毛的暹罗猫）。它也有重点色（躯干浅色，但各肢端——脚、头和尾巴是深色的）。

## 孟加拉猫

孟加拉猫是一种短毛、长有明显斑点的猫，最初是作为亚洲豹猫[①]（是种野猫）和普通家猫的杂交品种而培育的。孟加拉猫已经变得非常热门，并培育出了另一个有特殊色彩设计的品种——玩具虎猫。孟加拉猫的早几代——父亲、祖父或曾祖父是野猫，会被相应地称为 F1、F2 和 F3。如果遇到任何人骄傲地宣称自己是上述三种 F 级孟加拉猫的主人，你尽可猛地从牙缝吸气并大幅摇头。因为你很清楚，要是想过太平的日子，宠物孟加拉猫应该至少祖上四代（F4）不是野猫。倘若你认识的人正考虑带着他们的猫搬到邻里有养孟加拉猫的新家，你要通过大喊大叫"别这么干！"以此证明你对这些事情的了解。孟加拉猫"猫中暴徒"的名声是响当当的。一只孟加拉猫会想方设法地破门而入，殴打门后别人家的猫和别猫家的主人，然后带着邪恶的狞笑扬长而去。当然，为了彰显你的公正，你也应该指出：多数孟加拉猫绝对能给

---

① 亚洲豹猫体型与家猫大致相当，系被保护的野生动物类型，具野生特性，并不适合家养。亚洲豹猫为我国二级保护动物。

人带来快乐。同时，你要留下一个悬而未决的话茬：你是不是愿意冒饲养一只孟加拉猫的风险……

## 波曼猫

波曼猫是一种半长毛猫，长着蓝眼睛，身体有重点色，脚是白色的（如果假行家管它们叫手套、袜子或护手，则更显得风趣）。

## 英国短毛猫

英国短毛猫是一种壮实的猫（你应该用"壮如小马"这种词，而不是"矮胖"或"肥胖"），被毛厚实，有各种颜色。英国短毛猫在人面前总是很有存在感，只要你走进房间，就能看到它们一副"你毁了它们的美好一天"似的神情。

## 缅甸猫

缅甸猫是一种深受人们喜爱的短毛猫，有众多忠实的粉丝。若是有人说自己有巧克力色、蓝色、红色或淡紫色的缅甸猫，也不要觉得惊讶，这些都是真实存在的缅甸猫色卡。这是一种拥有双重性格的猫：它会像小宝宝一样躺在主人的怀里睡觉，但在户外和邻居的猫打架时也会像被魔鬼附身一样凶猛。缅甸猫有时真的很吵闹（知道这一点的人更喜欢认为它们是"爱说话"），而这一特质被它们的粉丝看做好事一桩。

## 波米拉猫

波米拉猫是缅甸猫和金吉拉猫(是猫,而不是什么晨昏出动的啮齿动物)的杂交种。本来也可以给它取名叫"中华猫"[①],但这么给品种取名很容易让人搞不清状况。

## 金吉拉猫

金吉拉猫实际上是一种波斯猫,白色被毛,毛尖处为黑色。曾经用于制造半只波米拉猫。

## 柯尼斯卷毛猫

最初的柯尼斯卷毛猫是由一只基因突变的小猫培育而来的(你可以随意使用"基因突变"这个词,哪怕"基因"对于假行家来说是个不应涉足的危险领域),正是这一突变导致了它毛发卷曲的形状。这种猫看起来就像史蒂文·斯皮尔伯格的电影《外星人》中的外星人比较好看的版本和一只营养不良的母羊杂交出来的产物。然而,它们确实有极好的性格来弥补奇怪的长相。

## 德文卷毛猫

德文卷毛猫和柯尼斯卷毛猫差不多,就是长得更加不好看一些。

---

[①] 波米拉猫(Burmilla)取自缅甸猫(Burmese)的前一音节 Burm- 和金吉拉猫(Chinchilla)的后一音节 -illa。若取 Burmese 的后一音节 -ese 和 Chinchilla 的前一音节 Chin- 则得到 Chinese("中国的、中国人"),会产生混淆。

## 埃及猫

埃及猫是一种表情略显忧虑的斑点猫。

## 异域短毛猫

异域短毛猫是一种没有昂贵"发型"的波斯猫。

## 日本短尾猫

日本短尾猫是一种长腿猫，尾巴就像猪尾巴一样，尾巴梢上还有一个绒球。这绝对是后天获得的特征。

## 科拉特猫

如果你不喜欢灰色，你就没办法养这种猫了，因为它们的颜色会让你别无选择。

## 拉邦猫

拉邦猫猫如其名，每天看起来都像被做了一个糟糕的发型[①]。

## 缅因猫

缅因猫是品种猫中体型最大的，半长毛、簇状耳朵和伊丽莎白风格的颈部"围脖"。它是硬汉喜欢的猫，因为打猎、射击和捉鱼都是缅因猫的专长。如果你提出缅因猫易成为优秀猫科动物献

---

① 拉邦猫音译自其原名 La Perm，即法语"烫卷发"之意。

血者的特质，必会因为对这种猫足够了解而赢得阵阵赞赏，因为事实也确实如此。既然你诚心诚意地发问了，答案是肯定的：猫有时确实需要输血，所以别的猫就无可避免地会在某个阶段献血。

**马恩岛猫**

马恩岛猫是另一种因变异而诞生的品种。它们的后腿稍长，尾巴看起来像断了一样，根据尾巴残余部分的大小，被分为无尾（rumpy）、残尾（stumpy）、突尾（stubby）或长尾（longy）四种（你就算是想编，也编不到这种地步）。

**挪威森林猫**

挪威森林猫也是半长毛猫，看起来就像缅因猫一样。但在挪威森林猫或缅因猫培育者近旁，你千万不要混淆这两种猫或者是提及它们的相似之处。

**奥西猫**

把暹罗猫、美国短毛猫和阿比西尼亚猫混合在一起，你就会得到一只看起来非常像虎猫（ocelot）的斑点猫，奥西猫（Ocicat）也因此得名。

**东方长毛猫**

东方长毛猫是半长毛品种，由栗色（被毛）的阿比西尼亚猫和重点色为深褐色的暹罗猫杂交而来。

## 东方短毛猫

东方短毛猫基本上就是一种有绿色眼睛、被毛有许多色彩和图案的暹罗猫。

## 波斯猫

毛发浓密，极难打理。波斯猫通常喜欢待在户外，但它们进屋时却会有各种毛虫和小动物粘在毛上。因此它们被培育成一种"室内"猫（就算"猫"和"室内"其实互相矛盾，也永远别想把它说出来）。为了让波斯猫能快乐地坐着而什么都不做，它们没有"聪明"的基因。上述内容纯粹作为对猫咪品种的参考，不适合在波斯人开的公司里议论。

## 布偶猫

布偶猫常常让人产生一种误解，那就是它们在被抱起时感觉不到疼痛、不会嗷嗷叫，只是瘫软顺从。大错特错。顺便说一句，它们看起来就和波曼猫一样。

## 俄罗斯蓝猫

俄罗斯蓝猫很容易与科拉特猫混淆（"蓝色"在讨论猫咪品种的语境下，其实就是"灰色"的意思）。

## 苏格兰折耳猫

苏格兰折耳猫是另一种因基因突变获得特征的品种猫。这种突变导致它们的耳郭（回忆一下前文提到的无耳猫）向前下方折叠，使得它们易患耳部寄生虫病并有听力障碍，还包括痛苦的退行性骨关节炎。苏格兰折耳猫的受欢迎程度对大多数人来说可能是个谜，但你若是在互联网上快速浏览一下，就会发现它们的主要吸引力在于作为猫的它们戴帽子的模样特别可爱。

## 塞尔凯克卷毛猫

塞尔凯克卷毛猫就是德文卷毛猫杂交柯尼斯卷毛猫后又杂交拉邦猫生出来的那种猫。

## 暹罗猫

暹罗猫本来是一种形态正常的猫，具有重点色的毛皮和略微拉长的头骨形状，使它看起来充满东方的异域情调。现代的暹罗猫则被培育得更为极端：它们有着超级细长的脸、瘦削的身体和鞭子一样的尾巴。它们往往还有着与自身奇特外表相匹配的神经质性格，但这不妨碍它们是长时间以来最古老也一直相当受欢迎的品种之一。为了弥补很多客户对这种"新式"暹罗猫的反感，培育者们又重新开始培育"老式"暹罗猫。暹罗猫又变回那种不那么棱角分明的模样了。在迪士尼动画片《小姐与流氓》之后，暹罗猫被冠上了一个可怕的污名，导致人们对暹罗猫普遍不待见。①

①《小姐与流氓》(*Lady and the Tramp*) 中对两只暹罗猫的刻画通常被认为是针对亚裔的刻板印象并带有种族歧视意味。

### 西伯利亚猫

回忆一下挪威森林猫，西伯利亚猫和它差不多。

### 新加坡猫

新加坡猫是得到官方认证的世界上最小的猫，它们看起来就像一只只小巧而脸蛋浑圆的阿比西尼亚猫。

### 雪鞋猫

雪鞋猫是波曼猫风格和布偶猫风格的品种。

### 加拿大无毛猫

加拿大无毛猫是无毛品种。如前所述，加拿大无毛猫的皮肤有褶皱，没有胡须，看起来就像是因为秃了而抑郁的卷毛猫。要是你在网上搜索，你会发现给这些猫文身或是打体环的案例。绝大多数专家（还有假行家）都会对此感到愤怒，特别是考虑到这些小怪兽实际上是很可爱的小动物。

### 东奇尼猫

东奇尼猫是由缅甸猫和暹罗猫杂交而来的品种。

### 安哥拉猫

安哥拉猫有着丝绸般中等长度的被毛。它们的眼睛可以是琥珀色、蓝色或异色的（两只眼睛不同颜色），让那些有选择恐惧症的潜在铲屎官无须困扰。

## 土耳其梵猫

土耳其梵猫是一种橙白相间的半长毛猫，它们会游泳。

## 其他品种

以下品种多半无一例外的都是没能被"迷猫会"（即前文GCCF的俗称）所认可的，有些都得到了非常好的拒绝理由。尽管没有任何道理去繁殖基因突变或存在先天缺陷的猫——这些变异和缺陷可能会在某种程度上降低它们的生活质量，但追求不寻常的"小众市场"总会存在。你可以随意假装对以下这些猫漠不关心：美国短尾猫（尾巴非常短）、美国卷耳猫（耳朵向后卷起）、美国短毛猫（有点像英国短毛猫）、美国硬毛猫（粗硬被毛的短毛猫）、狮子猫（一种大型非洲丛林猫的杂交种）、威尔士猫（长毛的马恩岛猫）、夏威夷无毛猫（一种完全没有毛的加拿大无毛猫[①]）、曼基康猫（你可以说它们是"一个可悲的、不道德的突变产物"，但要谨慎使用这种说法）、彼得秃猫（无毛猫的一种[②]）、北美洲短毛猫（大多数这种猫都有多出来的脚趾）和热带草原猫（非洲薮猫和家猫的杂交种）。

---

[①] 加拿大无毛猫在耳、口、鼻、尾前段、脚等部位仍有些又薄又软的胎毛。多数无毛猫只是因毛囊变异而无法生长毛发，但是夏威夷无毛猫则是完全没有毛囊的品种。

[②] 彼得秃猫也并非完全无毛，只是毛发细幼，紧贴皮肤。

如果你发现自己身处猫展现场，你需要准备好接受以下这些事。猫会被关在小笼子里，而笼子则根据主题装饰，例如：你可能会看到一间十九世纪的少女闺房紧挨着火星地貌的场面。笼子里的猫则通常不是在尖叫，就是神经紧张。培育员一般会坐在笼子前面的小凳子上打毛线（男的女的都这样）。几个看起来像是大人物的人穿着白大褂、手里攥着洗手液，在笼子之间走来走去。这些人就是"评委"。评审开始，猫会被从笼子里拿出来，随后被高高举起（看起来就像在献祭一样），它们身体延展、四肢张开。然后猫会被摆出一系列不寻常的姿势，以确保它身体的各个部位都在正确的地方，有其品种正确的颜色和形态。如果评委在这个过程中没有被猫咬到，那这只猫就会得到高分。评审过程结束后，获胜的猫会被授予奖牌，并被冠以"超级冠军"等类似的浮夸头衔，从此为主人带来一笔笔昂贵的配种费。

假行家有很多可以解释自己偶然出现在猫展上的借口——如果你真的会去的话，但要是你去这样的展览是希望展示你的"专长"的话，以下几点建议会很有用：

· 如果你听到广播通知让某个主人回到他们正难受的猫咪身边，不要表现出惊慌。这在猫展上是很正常的。
· 切勿谈论遗传性疾病或长时间把猫关在室内而产生的心理创伤，否则，你很可能会遭到口头或肢体攻击。
· 不要与猫（或其培育员）进行眼神交流。
· 不要嘲笑那些弄了主题装饰的笼子。笼子里头的猫会以为你的嘲笑是针对它们的，好像在里面还不够痛苦一样。

· 是啊，爱猫的人愿意花1000英镑买一个室内猫爬架。你需要接受这些行为，才能融入他们的世界。

· 除非是出于医疗目的，否则绝对不要给你的猫穿衣服。

· 如果你看到有人推着格子花纹的购物车，切勿对车上的东西进行任何询问。

· 不要盯着培育员运动衫上的污渍看，尽量让自己认为那是榛果巧克力酱或者甘菊茶不小心沾上了，不要对你真正怀疑的对象再多纠结。

· 现在，你已经从你人生中第一次虚拟猫展中幸存。你或许会希望——或许不希望——再来一次真实的体验，但如果你的本能是拒绝的话，请不要担心。你不是一个人。

## 猫咪小百科

### 当代著名的爱猫人士

哈莉·贝瑞①、詹姆斯·梅②、奥兹·奥斯本③、瑞奇·热维

---

① 哈莉·贝瑞(Halle Berry)，美国女演员、导演、制作人，于2002年凭借《死囚之舞》(Monster's Ball)获得第74届奥斯卡金像奖最佳女主角奖，成为史上第一位获得此奖项的黑人女性。

② 詹姆斯·梅(James May)，BBC主持人，曾主持著名汽车节目《疯狂汽车秀》(Top Gear)。

③ 奥兹·奥斯本(Ozzy Osbourne)，英国著名摇滚乐手，曾任黑色安息日乐队(Black Sabbath)主唱。

斯<sup>①</sup>、瑞克·威克曼<sup>②</sup>和乔纳森·罗斯<sup>③</sup>。

---

① 瑞奇·热维斯（Ricky Gervais），英国演员，曾获3次美国电视电影金球奖、2次美国电视艾美奖。

② 瑞克·威克曼（Rick Wakeman），英国著名键盘演奏家，其音乐融合键盘、古典钢琴、电子合成器等，甚至联合管弦乐团创作了多张前卫音乐专辑。瑞克·威克曼曾加入黑色安息日乐队参与其第五张专辑《血淋淋的安息日》（*Sabbath Bloody Sabbath*），给该乐队带来不小的风格改变。

③ 乔纳森·罗斯（Jonathan Ross），英国电视和广播主持人，在 2000 年前后以主持 BBC 的访谈节目《与乔纳森·罗斯相伴周五夜》（*Friday Night with Jonathan Ross*）而闻名。

# 性格参考

那么，当一只猫做出各种猫的"典型"举动，它真正的动机是什么呢？它到底又是怎么看待它的人类饲主的呢？大多数铲屎官对深入研究猫的心理没有什么特别的兴趣，因为他们觉得和自己的猫有牵绊，总是自以为是地认为他们**确切**了解自己的猫一直在想什么。显然，他们错了。除非你对此做些了解，不然你也会像他们一样大错特错。

不管人类对猫做了什么，还是和猫一起做过什么事儿，猫咪之间仍然具备一些共同的特征。首先，也是最重要的，它们是食肉动物，它们狩猎、捕捉、杀死并且吃掉猎物。不存在所谓的什么素食猫。如果交谈中出现了这个话题，你就进一步解释：猫是专性食肉动物，也就是说它们需要从食物中获取动物蛋白才能生存。对于素食主义者或素食的爱猫人士来说，真是永恒不变的有趣话题。高效的猎手需要具备出色的视力、听力、耐心、冲刺力和跳跃能力，而最重要的，是要有致命的武器。正如你已经了解到的那样（前提是你按顺序在读这本书），猫的爪子是可以伸长的，也就是说，有需要的时候，它们的爪子就会从爪鞘里伸出来。因此，大多数主人相对来说都能免受此害，尽管有些人在他们的猫"进入状态"的时候，已经知道自己没法从这爪和牙齿的陷阱中豁免。在黎明和日暮时分被猎物的出现、声响或是行动所刺激、驱策的动物会是危险的同床，这理应是常识。当然，还有另一种后果：一旦这只可爱的小东西跑到户外去，它就很可能会带着任何曾经可能有脉搏的东西回来。去爱猫人士家里登门拜访，就算看到一连串不同动物的尸体，比如老鼠、田鼠、鼩鼱、兔子、野鼠、松鼠、青蛙、蠕虫、蜥蜴和鸟，也千万不要惊慌失措。你要是在发现有些被猫带进屋的东西还有脉搏的时候知道如何得体地表现，毫无疑问会被敬为一条好汉。吃得好的猫仍然会捕猎，不过有些猫缺乏杀戮和吃掉猎物的欲望，而满足于在它舒适的窝里粗暴地玩弄它们。

## 会动的午餐

第一步：把猫从现场转移到别处。

第二步：戴上手套！戴一副花园手套，短时间内找不出来的话，戴副烤箱手套也相当合适，鉴于这出戏码经常在厨房里上演。

第三步：准备一个适合运输的容器，带盖子的盒子啊罐子都行。尽量避免用炖锅——可能会让你走神，别忘了还有客人在你家看着你。

第四步：确定受害者的位置并将其隔离。如果可能的话，把它赶到角落里。

第五步：倘若受害者是老鼠，那就**不要**按照本步骤行事。虽说，任何一只有自尊心的老鼠都不会允许自己被猫"带回家"，任何一只还没丧心病狂的猫都不会这么干。走投无路的老鼠会反攻。已经警告过你了。

第六步：从受害者身体两侧轻轻抓住它并抓起来。把它放入准备好的容器里，盖上盖子。

第七步：把你的容器放到花园里的隐蔽角落。打开盖子。

第八步：尽量把猫困在室内一段时间，给猎物一个活动的机会。

第九步：要是猫在半小时之后又把那个受害者抓了回来，你可以准备一下，再重复一遍上述步骤。

猫不仅仅是猎手——它们还是独居的猎手，因此它们很少分享捕获的猎物，也不需要像狮子那样在一群同类的帮助下来打倒一只角马。分享在猫的优先事项清单上并不靠前，对于那些养了很多猫的爱猫人士来说可能是个大麻烦。

鲁德亚德·吉卜林提到过"单独行动"的猫这一概念，有一点可以肯定：猫是独居的活命主义者。形势危急之际，每只猫只为自己而战。这种与生俱来的自力更生或许就是猫长着一张不带表情的扑克脸的缘由。兽医会告诉你，猫在疼痛症状方面是出了名的难以发现，同样，猫在压力和焦虑之下的表现也是如此。这是完全合理的，毕竟显得弱小和脆弱并不是明智的生存策略。猫和狗就这样形成了鲜明的对比，狗希望全世界都知道它的痛苦。

---

　　看着两只猫互相清洗，人们永远无法确定其动机到底是喜欢对方、觉得对方味道好，还是寻找对方颈静脉的一场练习。

——海伦·汤姆森

---

　　综上所述，猫是一种有领地意识的动物。这一点从很多方面都让铲屎官感到困扰。首先，猫会为了领地与邻居家的猫打架，它们往往比主人更留恋自己的"领地"（问问猫主人搬家时的乐趣），还会"标记"自己的领地。如果猫的整个世界只有不过一间卧室的小公寓，它们可能会过得很煎熬。

　　猫超强的感官也有潜在的缺点。主人换香水这样的简单举动都能导致一些猫陷入崩溃境地。对于独居的活命主义者来说，熟门熟路和按部就班意味着一切，因为这样代表安全：要是前一天猫做了什么事而没有死，它自然就会假设，今天再做同样的事情，那它多半也不会死。然而，这一切都可能随着主人家购置新沙发、新门垫或是未婚姨妈的突然到访而天翻地覆。

　　为了合理化接下来描述的内心场景，你可以说所有的猫都是偏执的悲观主义者。不管它们高深莫测的表情暗示着什么，它们毫无疑问正在酝酿什么阴谋——挖掘主人的任何潜台词、隐晦手势或密谋。买来新沙发的时候，你可能会想："多漂亮的面料啊。"而猫会想："这张沙发可能会试图谋杀我。"这种想法上的微妙区别很有趣，尽管猫对此不敢苟同，自己的栖息地出现一个新的潜在危害可不是什么有趣的事情。

最容易产生误解的莫过于有其他猫在场的情况下去观察某只特定的猫。如果几只猫同时坐在同一空间中，也许能被认为是个好兆头。你会对自己的猫产生不同的认识。同样，如果家里的一只猫在楼上，而另一只猫放松地坐在楼梯上，它们之间不太可能发生什么问题。这样的话，你也会对猫有不同的认识。但事实上，猫都是战略大师，除非它们有必定打赢的机会，否则决不会率先挑起争斗，所以猫之间的对峙和心理战比比皆是。你可以谨慎地处理这个问题，告诉别人所有的事情（猫的真实的想法）可能并不像表面（猫的行为）那样，并且引用前文中任何关于"行为学"（行为学的意思是"对动物行为的科学和客观研究"，对假行家来说是一个非常好用的词）的内容。这会让猫主人完全无法用任何反驳之词与你抗辩。

但只有水平高超的专业人士才能彻底瓦解猫主人在观念上的误区，并且必须用同情心和情感支持的辅助才能达成目的。当你用在本书中新学会的知识偏向虎山行之前，务必小心，不要把自己局限在暗示"猫嘛，不就是这样"的会意颔首中。

## 对猫的刻板印象

以下可能是对较为明显的有关猫咪特质进行分类的最简单方法。凭着这些内容，你可以让自己身边所有的爱猫人士觉得你努力思考过这个问题，从而有说服力地声明自己是个了解猫咪的人。下述所描述的特质并不是所有的猫都有，甚至可能会被认定属于某种刻板印象的范畴。重要的是必须强调：每只猫都是独立而特别的个体。这种话在猫主人耳朵里恍如仙乐。

### 房客拉里

这猫专注于做自己的事情，来去自如，晚上在室内呼呼大睡，屋外头他也照睡不误。拉里是每一个说"猫不如狗同人亲密"的人都想要的猫。主人随便打开一袋美食之类的东西或做起金枪鱼三明治，拉里就会表现得深爱着主人。如果主人的身体足够暖和，而且不会乱动，这只猫傍晚时可能会睡在这些人的腿上（这让他们很高兴）。拉里特别聪明，身为房客却能免"房租"。

### 难以捉摸的伊格那修

不管伊格那修对生活有什么看法，反正你作为外人是永远都不会知道的，不过你可以绝对肯定的是他的主人同样一无所知。他的表情永远没有变化，也总显得对什么事都无动于衷（可能表面上是这样吧，我们就是没法儿下定论），但他的脑子里总是塞满了各种各样无法无天的想法。只需要注意观察他动作上的细微

变化、胡须角度变动那么 1° 或是右耳的轻轻转动，就能发现他
内心正翻滚惊涛骇浪。就他自己的方式来说，伊格那修相当友
善。但请放心，你一眨眼，他就会消失不见，去巡逻自己的领地
或者去做一些比和你在一起更刺激的事情。

## 豆袋巴里

巴里给人的印象就好像一个塞满了豆子的巨大口袋——所装
的豆子要比袋子的正常容量多得多。他仰躺着睡觉，两腿悬在空
中，任何在附近爆炸了的实质性燃烧装置都不会让它侧目。巴里
对家里每一只新来的猫都很"宽容"，他只会不情愿地滚倒向身体
一侧，除非绝对必要（比如吃饭时间），否则绝对不会和那些新来
的家伙厮混在一起。要注意，有时他就像乌龟一样必须在外力帮
助下才能翻身。

## 躁动的特雷弗

特雷弗与巴里恰恰相反。哪怕是最小的动静都能在早晨驱动
特雷弗，但其他时候他却总显出令人困惑的放松。他经常在屋里
睡觉，通常在主人做园艺活或者和邻居聊天时外出。这时，他只
要躲到主人腿后的安全地域，就能在面对隔壁 3 号门那只反社会
猫咪时表现出极大的勇气。

## 滑稽的克莱夫

谁说猫没有幽默感？与克莱夫一起生活就有着无尽的乐趣，

因为他明显热衷于以荒谬怪异的姿势睡觉，把自己的头卡在所有不可能的地方，或者以同一种方式掉进马桶里。克莱夫是视频网站上的明星。他会玩任何可以或不可以被玩的东西。当他在厨房地板上滑行时，似乎总有无限的能量推动他去寻找自己刚在冰箱底下发现的可怕怪物。像克莱夫这样的猫咪的主人们经常声称自己的猫"缺心眼"，但也往往认为这种缺心眼只是猫咪在享受自己的生活。实际情况是，克莱夫也许会因为被人嘲笑而感到羞耻，此刻正策划着打击报复。

## 杰基尔博士和海德先生 [1]

对主人来说，杰基尔博士是最有爱心、最具亲和力的猫。然而，他的另一人格——海德先生却是一个凶恶的暴徒，似乎总可以在殴打、折磨或者恐吓其他猫时，享受到施虐的乐趣。挑选年老的祸害对象（可以是老年的猫，也可以是老年的人）尤其让海德先生觉得有趣。他会闯进别人的家里去偷吃的，还会恐吓住在里面的猫。在海德先生欺负其他猫的时候，该猫保护欲旺盛的主人最好不要试图干预，因为海德先生在执行破坏和伤害任务时，对猫和人一视同仁。这一特别的性格特征经常以缅甸猫和孟加拉猫的形象出现。

---

[1] 出自《化身博士》(*Strange Case of Dr Jekyll and Mr Hyde*)，由罗伯特·路易斯·史蒂文森创作，讲述了绅士亨利·杰基尔博士服用自己配制的药剂分裂出邪恶的海德先生人格的故事。

## 反复无常的范妮

范妮有时会要求主人注意她，但大多数时间都很疏远主人。她乐于得到关注，但这必须按照她自己的方式来——你常能听到一些铲屎官感慨自己主动向猫咪表示亲昵却遭拒绝。有时候范妮会无视你，然后毫无缘由地突然表现得非常喜欢你到离不开你。对于那些想知道自己在这样一段关系中身居何位的主人来说，碰到这种情况都是十分困扰的，而身为假行家的你当然能够聪明地看透这种明显矛盾的情绪。事实上，范妮和大多数猫一样，把自己的主人当成一个有用的白痴，而不是一个与自己平等的正经生物。

## 精神分裂的史考特

当心史考特！要是你被史考特耍了，就会暴露你其实缺乏对猫的了解。他会在你的腿上蹭来蹭去，可若你胆敢摸他，他会立刻给你重新设计身体特征。史考特是个混乱的家伙，他可能愿意坐在你的腿上，但你只要敢多摸他哪怕一秒钟，他就会对你又抓又咬。主人们总愿意相信可怜的史考特一定是在小时候遭到了虐待，但这种情况其实很少发生。他只不过是反感人类在学猫叫时的表现竟然可以如此糟糕。

## 缩起来的维奥莱特

维奥莱特像只被弄丢的拖鞋那样老缩在床底下。她往往在晚上或主人待在花园里时才从床底下出来。如果你去维奥莱特的主

人家做客，你恐怕是看不到她的，因为她会在门铃响起的瞬间以能够破纪录的速度冲出房子，然后不知所踪。

## 可爱的卡斯伯特

卡斯伯特绝对是一只被阉割过的公猫（睾丸激素是唯一曾经让他变得独立自主的东西）。他的腹部总是挂着尼龙线头，因为他大部分时间都黏人地挂在主人毛衣的前襟。他去哪儿都跟着女主人，和她一起睡在床上，不停地在她的肚子上淌口水、打呼噜或是踩奶。他的表现无疑像个离不开母亲的幼崽，当她不在的时候，他就很容易失去食欲（当然，发现这一点之后，她很少离开）。要是卡斯伯特被送到宠物店寄养，他肯定会在猫舍里伤心得要命，或许他的主人是这么坚信的。

## 高傲的索菲

在你敢触碰索菲的时候，她似乎无法相信你竟有如此胆大包天之举——英国短毛猫的这副神情已经被人们当成了艺术品般的存在。触摸的经历似乎会让她感到身体不适。索菲不断地消失于只有她自己知道的地方，因为她总是希望能够远离人类。

## 绞肉机斯坦利

斯坦利真的很可爱、很温和，除非你想给他吃药或是打针。这绝对不是一只你能在此类问题上展现专业水准的猫。如果有人想要控制住他，斯坦利仿佛长出了四倍的腿、四倍的爪子和四倍的牙齿，竭尽全力把周围的人撕扯得皮开肉绽。若非他已经被麻醉或是死掉了，否则谁也永远别想对他做任何事。斯坦利在兽医诊所的病历上写满了诸如"需要额外护理"之类的短句。

## 指挥官雷吉

雷吉可以让自己心太软的主人跳过马戏圈，只因为他有这种特权。这是一只需要主人完全服从他的猫，他有一整套的诡计来确保主人在任何时候都听话。主人深爱着雷吉，并对雷吉趁自己不备在背后嘲笑的行为无知而幸福。在雷吉面前，你最好的反击就是装出一副完全漠不关心的样子。这是他理解范围之外的事情，他根本想不出对策。

## 老欧比迪亚

老欧比迪亚给爱猫人士带来了种种朦胧和幻想。他们相信，自己的生活时不时就会被老欧比迪亚所撼动。在他的主人看来，这只猫咪拥有的智慧和灵气更像是在西藏僧侣身上可以看到的，而不是一只五岁的毛球。欧比迪亚是传奇一般的生物，它出现在许多人的家门口，毫不费力地完全适应了受骗者的生活。没有人知道他是从哪里来的，但他离开很久之后，人们会一直记得他。欧比迪亚会和主人一起出去散步，会在学校门口迎接孩子放学，也会在主人情绪低落的时候帮他们振作精神。你或许听到过无数关于曾经被人爱着但已死去的猫转世的故事，甚至是过世很久的亲戚投胎到猫身上的逸事。你可以对着镜子准备一种适当的怜悯

和了然的表情，默默地接受这样一个事实：欧比迪亚肯定曾到访过此处。

虽然所有猫都有许多共同特征，但实际上每只猫都是独一无二的。不要试图用生物学的术语解释猫的行为，想着能以此戳破任何爱猫人士幻想的泡沫。你就算这么做了，也会被完全无视，而你所有向他人吹嘘并建立自己行家形象的努力也会变得一文不值。

## 猫咪小百科

**你知道吗？**

你可以把一只猫的年龄换算成人类年龄，只要从猫现在的年龄中减去 2，再乘以 4，再加上 24，就是对应的人类年龄。对那些有数学天赋的人来说，就是：

对应的人类年龄 $= 4(x - 2) + 24$（$x =$ 猫的年龄）

# 小 猫 咪 有 什 么 坏 心 眼 呢？

## 为什么猫也需要心理医生

众所周知，在二十一世纪，宠物猫确实需要心理医生的帮助。这些专家以"宠物行为咨询师""兽医行为学家"乃至"注册临床动物行为学家"的名义出现，他们都具有高度的资质以在兽医行业提供服务，从而使那些精神上出现异常或迷失自我的宠物能够回归正轨。但这一新兴职业是个充满变数的雷区，因为它至今仍然未受到监管，并且被那些好心的人所误解——他们以为只需要用自己一辈子和猫咪在一起的时间或者参考任何一本让你了解猫咪的指南当做经验，就能以这种身份出现。你现在正阅读的这本，就比其他大部分书都要有用。

讽刺的是，尽管此时你已经明白猫虽然有点神秘，但大多数被"治疗"的行为对猫来说其实是完全正常的。其余的那些行为通常是主人不经意间教会猫做的，或者是因为这只倒霉的小家伙对自己神经质的主人那喜怒无常、变幻莫测的态度忍无可忍而寻

求爆发。然而，每当这种时刻到来，一些猫真的会像蝙蝠一样发疯。

你需要了解一些关于寻求猫用心理医生帮助的常识：

1. 猫主人应该先向兽医咨询——猫的许多奇怪行为都源自身体不适而非精神疾病。

2. 优秀的动物行为学家都只由兽医推荐来开展工作，他们往往养着品种比普通波斯猫更高贵的猫咪。

3. 如果你的猫存在不良行为，互联网上会有许多令人匪夷所思的糟糕建议。对此类建议务必谨慎。

4. 主人越是拖延着不去处理已然发生的问题（他们都希望问题会自己消失），解决这些问题的难度就越大。

你只需要举一个例子来证明本书有关管理猫咪"异食癖"（见本章后文）的指导和建议所具有的水准，就可以让爱猫人士省去数小时在互联网上的繁琐搜索："如果你的猫喜欢吃你的毛衣，就把冷冻好的一日龄小鸡做的鸡肉块撒在地毯上。"

以下总结了猫咪身上最常见的行为问题，这些问题足以困扰到主人主动寻求帮助，因此假行家需要了解它们。

## 对人类具有攻击性

猫对人类的攻击往往有各种原因和动机，但危险在于，被猫满是细菌的牙齿（还有肮脏的爪子）伤害可能会导致主人住进医院

里去。从猫的角度来看，这样做不一定是出于恶意。攻击性行为通常是由于恐惧、玩耍（可能有点粗暴），或者其实是本要针对房子外面的目标（如窗外的猫）而导致的误伤。

你可以在此基础上安全（且贤明）地给猫主人参谋：

**千万不要——**

尖叫并挥舞你的手臂。说起来容易做起来难，因为被猫抓咬非常疼。如果猫认为你在反击，那它就会让你更痛。

通过殴打来惩罚猫。毫无意义的举动。同样只会被视为一种反击行为，猫往往会先下手为强，回敬于你。

尽你所能地用你的脚和猫屁股接触的方式向它展示谁才是老大。结果和殴打它一样——大家都知道到底谁才是老大。

在寻求专家帮助之前，就试图给猫咪找新家。有的攻击性行为其背后的原因和处理措施并不复杂，而寻求专业人士帮助可以使你避免将已然存在的问题转移给毫无戒心的新主人。

**一定要——**

去看兽医以排除医学上或猫咪自身疼痛相关的可能性。拜访兽医总是应对各种攻击性行为的第一步策略，同时也能证明你对这种事情有一定了解。

不要理会猫，也不要靠近猫。如果无视猫的威胁性行为，它们往往会自动消失。

穿上防护服。根据主人在面对具有攻击性的猫咪时其恐惧程度，你可以给猫主人推荐任何东西：从坚固的鞋子到手套、护目镜和头盔。要是你觉得灵感来袭，还想小小恶作剧一番，你可以提议把橡胶浴垫绑在腿上，用做有效的防猫装置。或者你可以更进一步，建议他们购置一套曲棍球守门员的防护服，配上汉尼拔·莱克特①的面具。不过，这样打扮不太好看。

晚上不要让猫进入卧室。对大多数人来说，这可能是显而易见不该做的事儿。然而，爱猫人士会让你惊讶的是，他们中的许多人，尽管定期就因此被猫抓伤，却仍会因为剥夺他们那些拳击手一般的猫咪在自己床上睡觉的权利而感到内疚。

## 焦虑

你可以严肃地指出：焦虑对于许多猫和猫主人来说，都是一种很常见的情绪状态。有些猫害怕人、害怕狗、害怕噪声、害怕各种生物（通常都有充分害怕它们的理由）。对于那些只想得到一只普普通通的猫来与自己相生相爱的人而言，实在沮丧。焦虑让这一切都变得不太现实。

## 千万不要——

认为只要有爱就足够了。当你温柔而确定地重申用爱不能解

---

① 汉尼拔·莱克特（Hannibal Lecter）是由托马斯·哈里斯所创作的悬疑小说系列中的虚构人物，是一名成为高智商食人罪犯的精神科医生，最早于1981年的恐怖小说《红龙》（*Red Dragon*）中出现。文中所指的面具应为系列第二部《沉默的羔羊》（*The Silence of the Lambs*）2001年的电影改编版中安东尼·霍普金斯的经典面具造型。

决所有问题时，要带着怜悯之心轻轻告诉当事人这一点。

使用满灌疗法。满灌疗法是人类心理疗法中一种治疗手段的学术称呼，其基本理论为：恐惧是一种后天习得的感受，需要通过将患者置身于自己所恐惧的事物中来战胜恐惧。满灌疗法有时也被称为暴露疗法。对猫使用这种治疗手段的问题就在于，它们是猫。你没有办法跟它们讲道理，也没有办法教会它们理性看待自己的恐惧，所以满灌疗法在很大程度上是毫无意义的。

在自己家里小心翼翼地走路以免惊动猫。讽刺的是，这是一个主人所能做的最糟糕的事情。这么做使他们看起来很狡猾，故而在猫眼里是危险的代名词。完全适得其反。

安抚猫咪。如果每次在猫因门铃响起、外面开过汽车或是锅盖掉下来而惊动的时候，主人都要安抚它、让它安心，那么猫就会认为自己害怕是对的。但这并不是你想要传达给它的信息。

**一定要——**

对受惊了的猫的各种行为视而不见。一些人会觉得这又是个奇怪的建议，但过分关注焦虑的猫往往会加重它们的焦虑。焦虑的猫希望自己能隐身，比起只是被主人视而不见，它们更希望没任何眼睛能看得见自己。"忽视法"对各种焦虑程度的猫都适用，因此，如果你有"到底该不该这样"的疑问，建议主人"隐身"就行了。真正的专家会知道你在叨叨些什么。

保持正常行为。如果要一只猫适应家庭生活中无法改变的混乱，它就必须了解每一件事物真实的样子。

使用合成信息素。当你开始讨论信息素疗法时，你会显得像真正的专家一样专业。猫脸部和头部周围的腺体会分泌一种天然信息素，这种信息素可以被人工合成。它们向猫发出象征熟悉和安全的信号，因此具有镇静作用。然而，要使这种产品发挥其效用，一般都要将信息素疗法作为整个复杂疗程的一部分来使用。对信息素疗法的效果补充此类注意事项的提醒，往往能得到一些钦佩的目光。

强化刺激。在此处的语境下，强化刺激意味着"和猫玩儿"，因此你需要确保自己明了刺激它开心和刺激它焦虑之间的区别。举着任何一种毛皮或羽毛制品在猫面前晃动，效果都不错。但是请确保该物件不是活的或死的小动物。优秀的猫主人会使用宠物玩具或毛线球。

## 过度抓挠

这里所说的"抓挠"不是说猫为了减轻瘙痒而抓挠自己，而是为了爪子保持锋利的状态去抓挠别的东西。猫会靠在像树一样垂直于地面的物体表面，或者，如果主人足够幸运的话，它们会选择专门设计的猫抓柱，然后向下抓挠，去掉爪子最外层已被磨损的皮层，露出其更锋利的"新爪子"。如果你能注意到这也是一种猫用以标记领地（在猫抓柱上留下爪部腺体分泌出来的气味）并且锻炼前肢肌肉的方式，那就更能彰显你的"专业"。可惜的是，抓挠的行为也会毁坏古董躺椅、地毯和家里其他昂贵的家具。你可以通过给出以下建议为养猫的朋友节省一大笔钱：

**千万不要——**

对着猫扔东西或大喊大叫。为了证明自己是对的，猫会偷偷地开始更具破坏性的乱抓乱挠。

使用专门设计的防猫喷雾。这些喷雾的气味叫人作呕，而且只有在反复使用的前提下才能起效，这么做会让全家人都想另寻住处。

买一个小型猫抓柱。许多宠物店出售这种小型猫抓柱，因为它们占用的货架空间较少。但这么小的猫抓柱基本派不上用场，除非你的猫只有 6 英寸（15 厘米）高。

**一定要——**

提供适当数量和类型的猫抓柱。"适当的数量"至少应与家里猫的数量相当。"适当的类型"则应该是越高越好，用剑麻绳覆盖，并且绝对坚固——没有什么比一个猫一拉就倒的猫抓柱更糟糕的了。

使用有效威慑物。你可以放心推荐猫主人使用安全的低黏度双面胶带，把胶带贴在已经被抓坏的表面。你一定要强调胶带只是具有一定黏性，而不会把猫粘住撕不掉。你也可以推荐猫主人使用有机玻璃护板保护猫爱抓的家具，这是让猫抓起来最不爽的东西，尽管它的审美价值并不高。

## 弄脏房屋（不适当的大小便）

这是一个大问题。你可能不知道，很多外表光鲜的房屋里头，到处洒满了猫尿。猫感受到的压力似乎会直接转移到它的膀胱或肠道，从而引发灾难性后果。给假行家一些精心挑选的建议，他们就能成为这些可怜主人的大救星。

**千万不要——**

把猫的鼻子按在它的尿里。老生常谈：这么干没半点用处。

殴打猫。再强调一遍，这样只会让形势恶化。

用漂白剂清洁被弄脏的地方。这是一种常见的手段，可以消灭99％的已知细菌，但通常只会鼓励猫咪回到一个闻起来更像厕所的地方①。

使用恶臭气味或其他威慑物。网上推荐的把橘皮、锡箔纸、报纸、塑料片、松果或胡椒粉之类的东西放在猫随地撒尿的地方是毫无意义的，只会加剧猫的这种行为，因为猫会找别的地方撒尿。

在猫砂盆里放泥土。这样不仅会把家里弄得更脏乱，而且还没什么用。

无所作为。不少人默默劝服自己进入拒绝承认的状态，选择了不作为的应对方式。你应该试着鼓励他们寻求帮助。

**一定要——**

去看兽医。这一课必须好好学。弄脏房子的猫很可能是病猫。

---

① 国内常用的84消毒液的气味会刺激到猫的中枢神经，让猫感到亢奋。仅吸入这种气味对猫咪的身体健康并无大碍，但是猫主人需要避免猫去舔舐消毒液。

放置室内猫砂盆。对于害怕外头新来的猫而不敢在户外排泄的猫来说，这总是很好的解决办法。只是不要用花园里的泥土把它填满。

多放几个猫砂盆。最好的建议：给每只猫放一个猫砂盆，每只猫有第二个和其他猫的另一只猫砂盆不在一处的猫砂盆。这是用来应对猫咪关系不好的策略……但你不需要对此了解更多。你只要给人留下一种印象：你知道对付喜欢弄脏房子的猫是需要策略的。

为单身猫准备第二个猫砂盆。有些猫不喜欢连续使用同一个便盆。

更换垫料。（要说"垫料"而不是直接说"猫砂"，那样更能让人印象深刻。）把猫砂盆里的垫料换成细沙质地，然后你就提醒任何对为何要这么做感兴趣的人，因为当今所有猫都和非洲野猫有着共同的祖先。

舍弃猫砂衬垫和猫砂除臭剂。猫有时候真的很挑三拣四。会卡进爪子里的塑料条和除臭剂里那挥之不去的高山牧草精油气味都不利于猫咪好好排便。

清洁被弄脏的地方。有些产品专门用来清除所有猫尿痕迹——如今是门火爆的生意。

请兽医推荐猫咪行为顾问。优秀的猫咪心理专家的手机号应该被存在快速拨号名单上。

## 猫际冲突

在理想的世界里，所有猫咪都相亲相爱，从不与邻居或兄弟姐妹打架。当然，这是永远不可能发生的。那句听到耳朵生茧的话是怎么说的来着？"猫和猫就是水火不容。从没相安无事过，以后也不可能爱与和平。"

---

一只普通的猫随心所欲在数学上的概率是世界上唯一的科学绝对。

——猫咪专家 林恩·M. 奥斯班德

---

英国有 900 多万只家猫，"猫口"密度大，多猫家庭的数量不断增加，导致许多家庭和社区都不怎么和谐。同一屋檐下的猫要么打架，要么互相躲猫猫，要么在烤面包机里喷洒尿液宣示主权，要么就是做其他反社会的坏事。这也太难以忍受了，因此深受其害的可怜主人需要你的帮助和建议。

### 千万不要——

自己变得紧张。紧张不安的主人会让屋子里的气氛变得更加剑拔弩张，从而又增加猫咪之间发生冲突的概率。

用胳膊或腿分开斗殴的猫。这么做效果几何显而易见，但总有人会去尝试，然后弄伤自己。猫主人可以随意用毯子、扫帚或是大号靠垫来拯救被猫咪打架毁掉的美好一天。说到扫帚，要注意这东西不是用来打那些好斗猫咪的脑袋的，只是要把它坚定缓慢地推到两只猫中间。

给房子分区，把打架的猫永远分开。这是个没有办法的办法。家庭成员会因此对自己最喜欢的猫表明忠心，继而在同一套房子里分开生活。很奇怪，但却是事实。猫就是可以对人产生这么大的影响。

把猫塞进不同笼子里，把笼子并排放在一起，让它们适应彼此。如果你被囚禁在笼子里，旁边是你在这个世界上最讨厌的人，你会有什么感觉？

把猫关在同一个房间里，让它们继续打下去。诱人的想法，但很不明智。

**一定要——**

保持冷静。调停猫咪之间的战争考验的是你的耐心。

提供充足"资源"以防止竞争。记住猫砂盆分配的准则，你可以把这一准则应用到其他重要的猫咪用品上，也就是所谓的"资源"，例如食盆、水盆、床、猫抓柱、猫窝和可以供受惊猫咪撤退的高处。

不要把自己拖下水。猫的事情，就让猫自己解决，除非战况变得愈发恶劣。在这种情况下，请你拿出扫帚（具体操作方法详见前文）。

## 过度梳毛

猫用舌头来梳洗以清洁自身，但有时猫痴迷于此，过度梳

毛，以至于无比狂热地不停清洗和咀嚼，会使得它们自己的皮肤上甚至尾巴上的毛发脱落。

**千万不要——**

自行假设这是压力导致的。或许是因为有压力，但更可能是因为患病。对此，你可以再次强调"去看兽医"的金玉良言。

惩罚猫。难道它还不够痛苦吗？

给猫织一些东西让它穿上（鉴于套头毛衣可以防止猫舔到自己的皮肤）。不行，想都不要想给别人推荐这种解决方案。

**一定要——**

确保有效驱灭跳蚤。跳蚤是一种可恨的小寄生虫，会寄生于猫咪并使它们发痒，哪怕猫非常规律地自我清洁。因此，优秀的假行家会建议猫主人去宠物医院找兽医，而不是自行在超市的宠物食品区购买不必要的产品。

## 异食癖

异食癖是一种饮食失调，指的是摄入一些没有营养价值的东西，而这些东西根本也不是食物。人和猫都可能患上此种疾病。患有此类饮食失调的猫最喜欢吃的东西包括羊毛、橡胶、塑料、皮革和纸板。异食癖多发于那些产自东方国家的品种猫，是一种强迫性行为，让无聊的猫身不由己地咀嚼并吞下昂贵的衣服。

**千万不要——**

惩罚猫(你现在应该领会了)。

**一定要——**

在猫会乱吃的那些东西上涂抹让猫反感的味道。弄清楚猫讨厌什么味道也是一场旷日持久的实验,但值得一试。不会伤害到猫但会让它们非常讨厌的东西包括桉树油和"苦苹果"[①]。

强化刺激。猫需要捕猎。因此,只要不是在家里放养老鼠,无论猫想捉什么,都是值得主人尝试的。

改变饮食。提醒猫主人那些猫可能需要高纤维饮食,是一种合理且负责任的建议,听者闻之还能觉得你知识渊博。高纤维饮食不会对猫造成任何伤害,甚至可能在治疗异食癖方面起到作用。

寻求宠物行为咨询师的帮助。异食癖可能会升级为威胁生命的疾病,需要真正的专家来治疗。

## 领地侵略

针对邻里之间猫咪的领地争端,只有四字箴言:不要介入。那些猫主人所面临的困境当然值得同情和理解,但介入可能会让态势变得更加恶劣,甚至比"你家孩子欺负了我家孩子"这样的情况还要糟糕。聪明的猫咪假行家遇上这种事,都得立刻退避三舍。

---

[①] 此处的"苦苹果"(bitter apple)指市场上售卖的、用以驱走宠物贻害家具的格兰尼克牌苦苹果喷雾,并非指有毒的药西瓜。该种喷雾的主要成分是苦味植物提取物。

## 喷洒尿液

喷洒尿液是猫的正常标记行为，但当尿液被喷入电源插座或汽车通风系统时，会让人极其不愉快。所有喷尿的举动都应该发生在室外，但不幸的是，有些猫难以分清安全地带与危险地带的界限，以至于还会跑到室内去喷尿。

**千万不要——**

把猫的鼻子按在它的尿上或是惩罚猫。强调已经发生的事情没什么用。

试图和猫讲道理。听起来很疯狂，但有很多人都会采用这种策略。

使用橘皮、锡箔或插入式空气清新剂。当这些东西与猫尿混合时，只会产生一种更难闻的气味，也使猫感到更加困惑。

**一定要——**

去看兽医，以排除尿路疾病的可能性，并寻求宠物行为学家的帮助（最重要的事情总要一遍一遍反复说）。

猫的主人可能会发现自己的猫有大量潜在问题并为此担忧，然而大多数问题都可以解决——只不过不是由你来解决。然而，猫主人不需要知道这一点。假行家如你，只须提供令人信服的分析并建议他们寻求专家帮助，就足够了。

## 猫咪小百科

### 世界各地关于猫的民间传说

有些人相信猫能够看到人类的灵魂，即围绕着我们每个人的能量场。因此，要是你发现有只猫定定地盯着你看，这或许就是原因。不然，它就是打算在你脚上喷尿。

如果你梦见两只猫在打架，那就预示疾病或争执。

如果你踢了一只猫（不值得鼓励的行为），踢猫的这条腿就会得风湿病。

# 猫在低语

## 进入猫的内心世界

爱猫人士最喜欢"猫语者"了。猫语者是一群有着超自然本领、可以读懂猫咪心思的人。由于每一只猫的生活经历、生活环境和个体性格都有很大差异，因此猫语者的本事并非百试不爽。然而，这并不能妨碍跃跃欲试的假行家亲身体验一把与猫交流的乐趣。

为了限制发生坏事的可能性，不要在拜访养猫的人家之前抱有过高的期望。如果一切顺利，而你似乎也与猫咪建立起了相互理解的关系，你可以在拜访结束后谨慎地提出自己的看法。提前做好功课也能使你相应地调整接下来的操作。例如，要是你的朋友或熟人管自己的猫叫"黏人精"，你就能知道这小家伙会喜欢上你的。哪怕你模仿出的表达礼仪的猫叫声全是错的，这次邂逅仍然会成为它一整天里发生的最愉快的事情。其他类似的说法还包括："它谁都喜欢"（不须多费脑筋），"它很淡定"（这只猫可能不会全神贯注地和你互动，但你可以想对它干什么就干什么，而且不会被弄伤），还有"它是朵交际花儿"（似乎也是个没有风险的尝试对象）。

在登门之前，确保你身上没有粘上狗或者其他猫的味道，确保你刚才没有进过一个装满大型猫科动物或是大猩猩的笼子里。你的气味必须尽可能地不具威胁性。避免过量使用须后水或香水，它们会让猫敏感的鼻子首先极其抵触你（猫鼻子的皱纹和眼睛的眯缝就是证据）。要是你想表现得非常"诱猫"，可以谨慎地参考应用以下建议。如果你将要拜访的猫是缅甸猫、暹罗猫或孟加拉猫这类性情火热的品种，你就必须避免过度刺激它们，因为你可能找不到让它们冷静下来的开关，甚至到最后还会发现自己变成了不被猫欢迎的关注对象。

## 假充"猫语"行家

在口袋里藏一大把猫薄荷（学名为"荆芥"、被干燥过的植物），通常能引来猫欣喜若狂、爱不释手地在你身周摩擦、打滚、舔舐、蠕动。最好购买比较贵的、风干过的有机猫薄荷的花和叶片，而不是陈年许久的茎秆。偶尔，会有猫变得过度兴奋，疯狂地乱啃乱咬，所以要留意装猫薄荷的口袋，以免弄伤身体脆弱的部位。猫薄荷有三种替代品：

1. 在口袋里放一个缬草草药"茶"包（里头加了啤酒花和茴香的那种似乎尤其受猫欢迎）。众所周知，缬草是治疗失眠症的有效药物，所以猫完全有可能会在与你亲密互动的过程中打瞌睡。

2. 把金枪鱼汁涂抹在脉搏处（手腕或耳朵后面）。当然要提醒的一点是，鱼腥味会让你对猫主人的吸引力大打折扣，特别是在你们存在一定浪漫关系的情况下，所以一定不能让气味太明显。

3. 如果上述两种替代法都失败了，奶酪、火腿和对虾或许也会受猫欢迎，但想把这些东西藏在身上而不让自己闻起来像一家熟食店实在有点困难。

## 懂猫的姿势与不懂猫的姿势

进门之后，你应该根据猫对陌生人的反应来决定自己的姿态和行为。如果它是那种无论你什么样都会主动对你示好的猫，那么你要是表现成典型的爱猫人士，就不太能惊艳旁人。典型爱猫人士的行为包括看到猫之后立刻蹲下来，发出舒缓的声音。与此同时，直直地盯着猫（保持安全的距离），用食指和拇指快速顺时针相互摩擦，并向猫伸出手臂。还要通过噘起自己的嘴唇、快速吸气以发出像亲吻一样的声音。可能没有人尝试过解释这种行为的意义，但只要做得正确，你就能向猫主人证明自己是个绝对真诚的爱猫人士。具有讽刺意味的是，这些正是使大多数猫科动物感到恐惧的行为。在它们的世界里，你表现得就像一个危险的疯子，意图证明它们所信奉的偏执的悲观主义是绝对正确的。不过，现在许多猫都习惯了这一点，它们以一种逆来顺受的方式接受了这只不过是人类粗鲁的问好方式罢了。

然而，有相当一部分的猫还是不为这种举止所动。如果事先有人提醒过你所要拜访的猫对此可能很冷漠，你最好立刻采取下述策略。这种方法与众不同，为了能够确立你作为一个天生的猫语者的形象，你应该明确地解释自己行为的目的。当你遵循每一个步骤去实践时，好好解释自己的所作所为可以最大化地博得猫主人的称赞。

1. 在到达主人家之后，你需要对猫不理不睬（如果它意外地没有因为门铃声从房子里跑出去的话），然后对此给出如下解释："我知道你的猫现在有点害羞，所以我有意做出一个它渴望看到的社交伪装。"这其实是"我刻意无视了你的猫，请别觉得被冒犯了"的委婉说法。

2. 正常走动，不要踮起脚尖，也不要压低说话声音，并给出如下解释："正常行动和说话非常重要，因为安静的语调和轻柔的脚步在猫看来是不熟悉的，反而会引起它的警觉。"这是"我可不想为了个大惊小怪的东西而表现得像个傻子"的另一种说法。

3. 坐下，双腿并拢，双手放在膝盖上，目光下垂。你对此应该做出如下解释："我采取了一种尤其不具威胁的肢体语言，当你的猫进屋来发现我在，这样足以表明我并不危险。"如果你想做些特别冒险的事情，可以试着在进入客厅后立即躺在地板上，解释说：如果你和猫处在同一高度，会让它更容易接纳你。这不是心脏病患者或关节炎患者该做的事，也不适合在拜访不熟悉的人时在他家做。要是那只猫已经离开了家，而且没打算很快回家，你还得承担让自己看上去特别蠢的风险。

4.假如这只猫看见了你这样做，它现在很可能会试探性地接近你，查明你到底在盘算什么。那些关于猫与好奇心的老话可不是空穴来风。让你身上的猫薄荷、奶酪、火腿、金枪鱼汁来助你一臂之力。说话的声音要轻，好像面对的是一个新生儿，告诉猫它"很漂亮"。不要触摸或试图催促你的猫朋友，让它把控节奏。对此请给出如下解释："我愿意保持这种没有威胁的姿势来让这只猫研究我。"言下之意则是："我不知道接下来该怎么做，所以我会让猫在我一动不动的时候决定该怎么办。"如果猫一声不吭地走了出去，不要惊慌，只须轻抚你的下巴，自信地说："如我所料。这是猫战术性撤退的典型举动。只要时间足够，这个问题很容易解决。"

5.恢复正常的举止和坐姿，并且正常地说话，然后优雅地接受旁人对你的称赞。你无疑已被认证为一个最高级别的"猫语者"。

如果你害怕猫，或许一开始你就不应该伪装成猫语者，因为你多半会觉得第四步特别吓人。人很难对猫隐藏自己的恐惧之情（事实上，任何真实的情绪化反应都很难逃过猫的法眼），所以你大概会想用那些普通的热情洋溢的手势、夸张的肢体语言和响亮的笑声来取代第三步。当然，你也不要在身上藏着任何猫会喜欢的猫薄荷或奶酪，你绝对不会希望自己因为好闻而吸引猫的注意力。你完全可以通过分享你本来打算做的事情让周围的人满意："我知道你的猫有点紧张，我非常相信猫有权利自行决定是否与其他人互动。"这会让你听起来像个真正尊重猫咪权利的人，没人能再作反驳。另一个给怕猫人的建议：就算你的手心出汗、嘴巴干燥、心率升到120，只要离猫远点，你还是可以无所畏惧地吹嘘自己对猫的知无不晓。如果你离得太近了，你表现出来的强烈"过敏反应"可能会引起别人的注意。一旦被发现，就记住表现出可怜的样子，轻轻吸鼻子，再揉揉眼睛。

## 辨识猫的肢体语言

你可以花很多年去研究猫的肢体语言，但也能走捷径，从下文获取你需要了解的基本信息。假行家知道怎么做最经济——

**猫的肢体语言**　耳朵竖起，指向前方；尾巴竖起，尾尖倒向一边或微微抖动。

**想表达的意思**　你好！有猫薄荷吗？

**猫的肢体语言**　背对着你坐下或躺下，但耳朵朝着你转动。

**想表达的意思**　我知道你在那儿，但我不想跟人有什么互动，所以别耍小聪明，比如自作主张来抚摸我。

猫的肢体语言　蹲伏在地，腿缩在身体下面（有点像茶壶）。

想表达的意思　我正忙着无所事事，最好整天都这样，努力挖掘不用做的事，我正忙着哪儿都不去。[1]

猫的肢体语言　摆出上述茶壶一样的姿势，但肩膀拱起、前爪着地，爪子外伸。

取决于正在发生的事情，这可能意味着：

冷静，冷静，不是很确定到底发生了什么，但务必假装漫不经心。

或者

（尤其猫一直舔嘴唇而且一脸难受的样子时）天啊，这让我像狗一样恶心，我怕是吃了太多的奶酪。

猫的肢体语言　猫猛然站起来，四肢屈曲，头朝前伸，张大嘴巴，吐出舌头。它的身体两侧开始起伏，同时发出有节奏的打嗝声。

想表达的意思　别这样……后退！！

猫的肢体语言　在人的腿上摩擦身体和脸。

想表达的意思　在我用气味标记你的时候，请站着别动。别

---

[1] 改写自宾·克罗斯比（Bing Crosby）的歌曲《忙着无所事事》（*Busy Doing Nothing*）。

打断我或试图和我玩耍，我正在执行重要的任务……

**猫的肢体语言** 用后腿站立，并用头碰你的手。

**想表达的意思** 摸摸我，或者给我猫薄荷，不然就在你身上撒尿了。

**猫的肢体语言** 一听到你的说话声，就猛甩尾巴离开了房间。

**想表达的意思** 去你的！你这混蛋。

**猫的肢体语言** 瞳孔扩大（眼睛看起来又黑又圆）。

根据身体其他部位的情况，可能意味着：

> 这是什么鬼东西？！

> 太好了！玩游戏！

> 我就知道，我完蛋了……

> 有人要来抓我！

**猫的肢体语言** 猫溜达过来，"扑通"一声侧身躺倒，看着你。

不要被骗了，误以为这意味着：挠挠我的肚子。有些猫养成了这样的喜好，有些猫没有。为什么要冒这种险呢？

**猫的肢体语言** 猫侧躺在地，四肢腾空，耳朵压下，瞳孔张大，嘴巴大张。

**想表达的意思** 不要再靠近我了，除非你想死。（把这一动作

和上面那个弄混会陷你于绝境。）

**猫的肢体语言**　猫快速用舌头舔自己的鼻子，然后做出夸张的吞咽动作。

**想表达的意思**　我不知道我在干什么，但你也不知道。现在我们对当下的情况都感到很紧张。

**猫的肢体语言**　猫蹲下身，低垂脑袋，瞳孔张大，直视着你，并且左右甩着尾巴。

**想表达的意思**　你死定了。我在此警告你。

（不过不用惊慌，只要目光向下、慢慢地后退，你就没事了。）

**猫的肢体语言**　猫蹲在角落直视着你，耳朵低垂，尾巴缩起来，嘴巴大张。

**想表达的意思**　哦，糟了，这回是我要倒大霉了。

对于这种情况，给你如下建议：让你的猫独自待一天，让它完全不需要考虑自己的安全问题。放心好了。

**猫的肢体语言**　瞳孔张大，尾巴左右甩动，突然发力从一个地方跳到另一个地方，并盯着天花板上的一个点看。

这叫做"间歇性发疯"。不需要去分析原因，让它去就是了。

**猫的肢体语言** 猫大张嘴巴，上唇掀起，鼻子皱起，脸上一副恍惚的神情。

**想表达的意思** 我闻到的这是尿味儿吗？

这就是"裂唇嗅"（详见"名词解释"）。

**猫的肢体语言** 猫在你的肚子上有节奏地踩踏，一边发出咕噜声，一边滴口水。

**想表达的意思** 妈妈！

**猫的肢体语言** 猫蜷起身体，摆出常见的睡觉姿势，并且用力闭上双眼。

**想表达的意思** 要是我假装睡着了，那些烦人的家伙大概就会都走开了。

这肯定算不上一份内容详尽的清单，但至少能帮你开个头。与猫互动，最好遵循"少即是多"的谏言。你需要让自己对猫的回应简短且冷淡（过于热情会让你显得很危险），并始终照着猫的意思来，例如："你想要什么吗？好的。你还要更多吗？没问题……"等等。

鉴于猫的词汇表变化多端，如果不了解社区里乃至猫所在家庭中它的"方言"，学习它的语言是很困难的。基本"语"包括：

猫发出嘶嘶声——退后。

猫咆哮——我说了"退后"，伙计。

猫尖叫——你聋了吗？我说**退后**！

猫发出哭嚎一样的声音——我发情了！这在没有绝育的猫身上很常见。或者，已绝育的猫发出这样的声音：我现在精力过剩，却无处消耗。或者我终于可以用我的牙齿对付敌人了，这次我要一劳永逸，彻底干掉它！

猫喵喵叫——考虑到至少有 19 种与"喵喵"相关的不同解释，基本上已经能汇编一本定义完整的词典，最常见的有

你今天早上／下午／晚上去哪儿了？

喂我吃东西。

把门打开。

危险！

摸摸我。

帮我梳毛。

陪我玩儿。

给我找点乐子。

来！再喂一次（嗯，好吃，可以再吃点儿）！

猫尖声尖气地喵喵叫——你好！

猫呜呜叫——我喜欢这个。鉴于许多猫在痛苦甚至死亡的时候也会发出呜呜声——我很高兴你在这儿，我现在感觉自己很脆弱，所以我想让你知道我很感激你现在和我在一起。

## 响片训练

如今，有一种训练动物的特殊方法异常流行。通过积极的强化（这也是值得吹嘘的好话题，因为现代的训练方式会充分考虑动物福利）和一个独特的信号（通过一种叫做"响片"的装置发出），在你要让猫去做的事情和奖励之间建立起重要的联系。你可以试着只使用声音指令，但人类话太多而大部分时候我们所说的东西对猫而言也不够清晰。响片的声音（一个顶部有金属片的矩形塑料小盒子）是一种尖锐而与众不同的声音，每次猫做了能够得到奖励的事情时，都要让它听到这种声音。

> 我们无法在不变成猫的情况下完全理解猫的思想。
> ——19 世纪英国生物学家　圣乔治·米瓦特

大多数人一般默认将响片训练与狗联系在一起，但理论上你可以通过让动物完成一项指令或动作要求从而得到奖励来训练它们，狮子、海豚、猪和鸡都可以训练。如果你非常非常幸运的话，猫也可以加入这个名单。只不过，大多数猫会毫不掩饰地鄙视你。

## 给猫投食

猫最大的问题在于如何让它"按指令"行事。它们可能喜欢美味的食物，但不乐意通过表演来获取食物。它们觉得只要自己在冰箱旁边摆出一副可爱的样子就够了。

倘若你真能找到一只极度热爱火腿、鸡肉、奶酪或其他无毒食品的猫，你或许会成功训练它。在开始训练之前，要记住：猫的注意力持续时间很短。不要让它们感到厌烦，并且确保每一次"训练课程"简短且讨猫欢喜。

**响片训练指南**

要开始你的入门课，你需要一个响片和一根棍子，或者其他像魔术师的魔杖一样的东西，你可以用它作为"目标"。

· 当你意识到猫饿了，并且手头有它最喜欢的一些食物时，就可以开始训练。晚上把饭盆清空、第二天早饭前开始训练也许是个好主意，但可能会导致训练在充满怨恨的气氛下开始。

· 先用响片发出一记咔嗒声，然后马上给猫奖励（食物）。

· 反复几次，不要说任何话，也不要触摸猫，这样它就可以把响声和自己最喜欢的食物联系起来。

· 一旦猫在响声和奖励之间形成联系，你就可以开始"塑造"它的行为了。

· 把作为目标的棍子递到猫面前。天性会驱使猫咪用鼻子去触碰棍子末端。一旦猫的鼻子碰到棍子，立即让响片发声，然后给它奖励。

· 再试一次，把棍子稍微移远一点。一旦猫碰到棍子，让响片发声，然后给它奖励。

· 要允许猫随意走开。它很快就会这样做的。训练哪怕能持
  续五分钟就简直是奇迹。

　　理论上，你很快就能让一只猫对棍子做出反应，继而"引诱"
它到你想要它去的地方——为了碰到棍子、得到奖励。猫很快就
会跳上障碍物，甚至穿过障碍物（钻火圈之类的就不必想了）去追
击目标。不过，更可能的结果是，你的口袋里装满了已经不怎么
新鲜的奶酪，内心倍感沮丧，而猫则在另一个房间笑开了花。不
管怎么说，总是值得试试的……

## 猫咪小百科
### 世界各地的谚语

　　在猫眼里，一切都属于它们。——英格兰

　　警惕不喜欢猫的人。——爱尔兰

　　五月的猫都是坏猫。——法国

# 近距离接触

在某种程度上，作为一个越来越精通的假行家，你可能会发现自己常常处于一种被要求为猫"做事"的境地。如果你周围的人认为你是专家，他们会不假思索地要求你抱抱猫、戳弄猫、给猫喂药、帮猫洗澡、应付它们以为他们演示养猫时种种必要的操作。当这种情况发生时，你有两种选择：同意这样做，通过参考下文建议来完成这些事，或者你可以找一个在维护自己专家身份的同时免除自己责任的借口。因此，以下所有说明首先强调的就是"专家"不应该承担此种任务的正当理由。如果这些办法都失败了，你就自求多福吧。

## 抱起一只猫

只有三种情况允许你在公共场合抱起一只猫。第一种情况：你打算买或者领养一只猫，这就与假行家无关了，因此这一点可以放在一边。第二种情况：猫的主人（或负责猫的人）当时双手没空，随意地回头叫你帮忙把猫带到他们身边，通常以"帮我个忙好吗……"开始。在这种情况下，建议你最好找个借口。你可以这样：

- 假装没有听到，假装你的全部注意力都被房间里或窗外的其他东西给吸引了。
- 在那人说"帮我个忙"的同时，说你打算去厕所。"尿遁"总是百试不爽，也让那个人有时间去思考怎样在没有你帮助的情况下去完成他要做的这件事。
- 强调你不幸对猫过敏，应该避免接触它们。同样是解释你不能自己养猫的绝妙理由。
- 直截了当地说："你逗我呢？"（如果你希望发展或维持与猫主人更长远的关系，那么不建议你这样做。）

要是你觉得没办法靠这些招数摆脱那些求助的人，你唯一的选择就是认命，然后去做他们拜托你的事。牢记并步步贯彻下面这份指南：

- 走近那只猫，努力别让自己看起来怪怪的。你必须**保持冷静**，让自己看上去**很正常**。
- 要是猫从你身边走过还瞥了你一眼的话，你要慢慢地跟着它走，不要显得有威胁。
- 一旦猫到达了目的地不再移动，试着在它身后找个位置，也就是从它身后接近它。

· 现在，你可以弯曲左手(如果你惯用手是右手，就伸左手；如果不是，就伸右手)放在猫的胸部下面、前腿正后方的位置。

· 快速而不慌不忙地将右手放在猫的后腿后侧、刚好在膝关节(不要管它叫膝盖，也不要与"跗关节"混淆)上方的位置。把猫捞起来然后往上提起，当猫的下半截身拉长的时候，你可以用双手托住它。这样，猫会保持竖直的姿势并背对着你。

· 不要发出任何自鸣得意的声音——记住，你在完成这项工作时仍应该保持自然。

· 将猫轻轻地放在该放的地方，将它的前腿放低，背部水平于地面时，四只脚大致在同时着地。

· 松手，走开。别畏畏缩缩的。

如果这只猫看起来阴险可疑甚至仅仅是凶狠的话，根据你的专业水平，你可以在上述过程中的任何时候使用你推辞的借口。例如，对那个让你帮他把猫抱走的人说："我觉得这不是个好主意。你的猫显然害怕我这个陌生人，我要是坚持抱它走，它会凶残地对待我。"

除上述两种情况外，你被要求去抱起一只猫的唯一理由可能就是主人(或负责猫的人)对接触动物感到恐惧，并且想利用你丰富的知识驯服这猛兽，要么是让你把它从房间里抱出来，要么是让你把它放在猫包里准备带去兽医那里。无论是哪种情况，这些猫一般都不太会有特别好的心情，所以"我觉得这不是个好主意……"应该立即被搬出来，同时附带前文提到的各种借口。

当然，最有用的建议仍然是尽可能避免让自己被牵扯到此类情境中。

## 喂猫吃药

你可能听过些"喂猫吃药"的笑话。这些笑话往往讲述了主人如何付出巨大代价，却几乎没让猫吃进去一点点药。猫主人都觉得熟悉而好笑，毕竟笑话也都是根据的。如果你意识到自己需要一直照顾一只猫就免不了让它吃药，那么如下便是喂药的流程：

· 如果药片或胶囊必须直接被猫咽下去而不能混在食物里（通常猫会连吃的一起嫌恶地吐出来），而种种原因导致有人围观你喂药，那么你应该尽量温柔迅速地完成，以避免发生流血事件。在兽医界，有一句关于控制住猫的俏皮话："少即是多。"在你靠近猫剃刀般的牙齿之前，你可能需要在准备阶段默念这句话。

· 当你独自一人（那些害怕被波及就弃你于不顾的人真可耻），如果你是右撇子，用左臂揽起猫（如果是左撇子，就换另一只手来），同时尽量避免问自己："我为什么要这么干？"

· 在你琢磨出答案后，（右撇子）把左手的拇指和食指（或中

指）放在猫头的两侧，贴在它的嘴角上。

· 让猫头后仰，直到它的鼻子朝上，这样它的下颌会松弛并略微张开。

· （右撇子）用右手的拇指和食指握住药片，用中指轻轻扣猫的门牙（前面的一排小齿），打开它的颌关节。

· 让药片落到猫的舌根——这一步准确度是非常重要的。如果你没放对位置，你就没有机会把药片取出来了。

· 合上猫的嘴，轻轻地放低它的头，并摩挲它的喉咙，鼓励它咽下药片。

· 如果猫这时开始像一台坏掉的洗衣机那样吐出泡泡来，你就可以断定药丸没能成功放在舌根，并且立刻溶解在了它的嘴里。

· 放弃吧，有错都怪猫，老实去寻求兽医的帮助。

可能猫主人也会请求你对他们的猫使用滴剂和乳霜，用于它们身上的孔洞或是毛皮上被虫咬的地方。这些事情最好避免，除非你本身也患有耳螨、结膜炎或突发性脓肿。只有在这种情况下，帮这种忙不是坏主意。毫无疑问，完事的时候你身上粘到的滴剂或乳霜会比猫身上更多。

## 给长毛猫梳毛

大多数家猫一年四季总有不同程度的脱毛情况，而梳毛可以帮助它们褪去死毛，否则很多死毛会被猫吞下肚去。这些毛发会

由此被紧压在一起，要么通过猫的消化系统被排出来，要么变成像一根毛茸茸的棕色香肠一般的东西被猫吐到餐厅的地毯上。当一无所知的主人厌恶地嚎叫她的猫随地排便时，这一知识大概率有用。你可以客气地安慰她：那不过是猫从身体另一端吐出来的东西。

多数猫每天花大量时间舔毛。它们可以弯曲和伸缩自己的身体，即使在没有帮助的情况下也可以高效地完成。正如你已然知晓的，猫的舌头上覆盖着尖锐的倒刺，这种完美的构造可以让猫高效地舔毛，去除松散的毛发和污垢。

梳毛有几项重要功能。当一只猫在体面严肃的公共场合开始舔生殖器而让你和其他在场的人陷入尴尬的境地时，下述知识可以很有效地帮你转移话题，你可以提任何一项，就以这样的话开头："你知道猫会自己'梳毛'吗……"

- 舔毛可以祛除脱落的毛发并且让被毛变得光滑，从而让被毛更高效地为身体保暖。
- 在炎热的天气里，舔毛可以在被毛表面散布会快速蒸发的唾液，猫借此调节体温来让自己的身体变凉快。
- 舔毛会刺激毛发底部的腺体，可以保持被毛的防水性。
- 舔毛会把一种叫做皮脂（sebum）的东西均匀涂在被毛上，猫暴露在阳光下时这种物质会产生维生素 D，继而被猫的身体吸收。
- 舔毛可以让猫把自己的气味覆盖全身（这就是为什么猫会

在被人类触摸后舔自己：人污染了它们独特的气味）。

·舔毛还能祛除寄生虫。

尽管许多猫主人喜欢用刷子、梳子、耙子、手套（橡胶做的）和其他类似的玩意帮猫梳毛，以图获得让双方都很愉悦的体验和亲密交互，但其实大多数猫都能自己把梳毛工作做得非常好。不幸的是，并不是所有的猫都能如此自力更生地养成梳毛的习惯。此外，有些品种的被毛在没有外力帮助梳理的情况下几乎是不可能保持整洁干净的。

不用说，那些被培育成拥有长得不可思议还容易打结的被毛的猫，往往也拥有天生不想接受任何梳毛帮助的恶劣性格。波斯猫和与之类似的难以护理的品种是最麻烦的——尽管它们五官紧凑、牙齿杂乱，但它们仍然可以用力一咬来阻止你的行为。假行家可以向任何面临此种问题的主人指出：猫可能对打结的毛发感到非常不舒服，梳理缠结在一起的毛会让它们很痛苦，因此帮它们梳毛会遭到攻击性的报复。这样一来，你可以强化自己作为一个严肃的假行家的身份。你对猫表示同情的任何肢体语言都会得到赞赏，至少猫会。

你可以非常耐心地就如何在不给任何一方带来麻烦的情况下完成梳毛给出最佳建议，但永远不要亲身参与其中：

·长毛猫每天至少要梳一次毛。

·在梳毛前，用手指从尾到头逆着毛发生长方向搓猫一遍。

- 用宽齿梳子从头到尾梳去死毛。
- 尤其要留意猫腋窝下和后腿之间的区域，因为那里的皮肤很薄，非常敏感。它们也是一个经常被摩擦的区域，那里的毛很容易打结。
- 用手指将毛结梳通，注意要顺着从毛根到毛梢的方向。
- 要避免使用剪刀。因为当猫毛乱成一团时，很难准确找到毛发从皮肤长出的地方。如果用了剪刀，可能会发生流血事件（但不一定是猫的血）。
- 检查猫脚趾和爪垫之间的毛是否有毛结。与此同时，可以轻轻地把卡在猫爪子里的各种碎屑梳理出来。
- 使用橡胶手套或橡胶软垫来祛除更多的死毛。
- 最后用湿棉布、橡胶手套或直接用手除去猫体表的死毛。
- 全部完成之后，用梳子再梳一遍。

如果梳毛变成了一场战斗，你可以建议主人试着给猫喂食以此安慰它，当猫的注意力转向食物之后再开始梳理。对于懒惰的主人来说，有许多独立式或壁挂式的梳毛辅助工具可以吸引猫自行摩擦这些东西从而去除死毛。当然，这些工具对于需要大量保养和护理的被毛来说是完全无用的，但也有人认为这些工具其实可以让猫找乐子。

## 祛除毛结

毫无疑问，你以前肯定见过被剃光毛的猫（网上有很多这样的图片）。剃毛通常是因为当事猫身上已经出现了很多毛结（打结的毛形成了厚厚的一层，一旦这些毛结牵连毛发被猛烈地拉扯，甚至从皮肤上被扯掉，猫最终看起来就像长出了毛绒翅膀一样），会让猫非常难受。对于这种情况，需要让专门给猫梳毛的"美容师"，甚至是兽医用手来梳理猫的毛发，或者把毛结剃光，把猫的毛发剃成特种兵一样的平头风格。有时候，需要到兽医处开镇静剂甚至进行全身麻醉（可能只是为了主人的安全）。无论你觉得这样做最终的结果是实用还是对猫不友好，没了毛的猫看起来都一样蠢，而且它们也感到羞耻。

## 给猫洗澡

不要这样做。如果一只猫是健康的，没有理由给它洗澡。如果猫有什么皮肤状况，或在毛上粘了油啊沥青或其他有害物质，那可能需要给猫用医用洗发水洗澡。在这种情况下，最好还是去兽医那里让护士来洗，他们有相关的技术、设备和足够的耐心来确保对猫的伤害最小化。任何尝试自己给猫洗澡的行为最终都可能以眼泪告终——你的眼泪。

## 给猫刷牙

兽医会例行公事地建议猫主人给猫刷牙。给猫刷牙是必要的，可以让猫避免牙科疾病，这很重要。很少有主人会这样做，但如果不给它们刷牙，牙菌斑和牙垢就会在猫的牙齿上堆积，导致感染、牙龈萎缩和牙齿松动。多数主人会选择让兽医给猫做完全身麻醉之后进行牙齿清洁或拔牙的手术。手术内容包括对牙齿进行超声波除垢、拔除任何受损或松动的牙齿，最后再对已经被清洁得雪白的牙齿进行抛光。这类手术的价格相当昂贵，但也有避免破费的可能，只要主人愿意卷起袖子，把涂着金枪鱼味牙膏的牙刷插进猫嘴里，每天给它刷一次牙（最好在猫还年幼无知的时候就让它习惯刷牙，想让一只成年的猫接受刷牙无异于自残）。

你要是有足够的自我保护意识，你当然会尽可能避免让自己去对猫做任何"事情"。从某种程度认知层面来说，第一个看穿你假行家身份的生物可能就是并没有多聪明的猫。

## 猫咪小百科

### 世界各地的谚语

蹬鼻子上脸。——中国

一个家庭至少要有一只猫才会美满幸福。——意大利在一个人训斥了自己的猫之后，那人凝视猫脸，会领会这张充满怀疑的臭脸确实理解了你说的每一个字，并且把它们记在了心上。

——小说家和历史学家　夏洛特·格雷

# 爱 猫 人 士

现在你或许已经注意到爱猫人士也是与众不同的存在。他们对自己的宠物充满热情（大都如此），要么对"专家"无比热忱，要么就在"专家"告诉他们一些他们不知道或不愿意相信的宠物知识时激烈反驳。如果对大部分自己了解的知识都闭口不谈，才有可能赢得他们的好感，同时也清晰地表明你知识渊博，但无意强加于他们。在猫咪世界的旅途中，你肯定会注意到，爱猫的人也有许多不同的"类型"。

## 把猫当毛孩子的人

你能遇到的第一种类型的爱猫人士多半会是把猫当毛孩子的人，这类人往往是女人。她处于 30 岁以上的任何一个年龄段，通常没有孩子，或者在孩子们长大离开家后遭受"空巢"的折磨，而且她有足够闲暇可自行把握。她可能是单身贵族，也可能不是。她也许只有一只猫，但要是这只猫不能满足她的情感需求，她就会更努力，以求找到允许（容忍）她深情拥抱的称职目标。她的猫通常被起着人类的名字，如艾玛、露西、波佩、乔治、萨米或亚瑟，而不是潮水、生姜、煤球、泡菜或噼啪。她可能还在上班，也可能一直待在家里，但她的想法总是围着自己的猫转。如果她的猫生病了，她就请假。如果她的猫跑掉了，不回家，这样的事情足以让她崩溃，尽管那只猫并不能真正从她家逃出去，除非它骑着马，还有人带路。当你看望她时，你搞不清楚她是在和你说话，还是在和她的猫说话。多数时候是对她的猫说，但别觉得她有意冒犯你——仅仅是因为她认为自己可爱的猫远比你有趣。把大部分你学到的知识藏在心里，以免让她变得神经质。把猫当毛孩子的人总是从猫背后抱着它，并且一直轻轻地颠动它。只要你对她所养的猫那美丽的身形表现出欣赏，你就能发现她对你的兴趣会增加，但不要想去靠近她的猫，这种刻板印象喜欢在只有一个女主人的猫身上扎根，它肯定不希望你僭越。尽管听起来很诱人，但还是建议你不要在和她的交流中使用"拟人化"（用人类特征指代动物）和"拟兽化"（用动物特征指代人类）等术语。这只会让她感到很困惑。

## 完美主义者

完美主义者不满足于仅仅做一个资深的主人。他们的目标是成为完美无缺的主人。完美主义者会在养一只猫之前做大量的研究，将卖家宣传和收容机构广告上列出的自己所喜欢的品种的信息全部记录在电子表格上，对比参照。这位潜在的主人将以极其

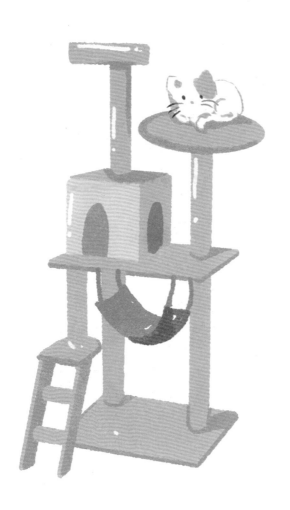

细致的态度处理每一个步骤，以确保自己在养猫的各个方面都是完美的。他们会研究最佳饮食结构，积极参与把猫养在室内还是室外的相关辩论，考虑最佳的猫砂盆尺寸、形状和垫料，拜访兽医以让猫享受妥帖的医疗护理。完美主义者总会有最时新的养猫必备物品，来保证自己的猫猫生实充。猫的病历上会到处写满"主人打电话说猫打喷嚏，建议他在 24 小时内等待、观察并且报告情况"之类的话。如果你意识到自己是和一个完美主义者在一起，不要试图展示你学到的任何新知识。这类人乐于汲取信息并会要求你讲述细节，以防错讨任何你知道的可以强化自己养猫水平的知识。一旦发生这种情况，就很可能难以脱身，甚至到最后不得不编一些东西出来——他们渴望榨干你全部的知识。绝对不要暗示他们的猫看起来不太健康，也不要对他们家餐厅里的刺鼻尿味多作评论。

## 喂食狂

喂食狂坚信"我爱猫，因此我喂猫"的哲学，他们非常爱自己的猫，且时刻想要让猫知道这一点。可猫总是无视他们做出的各种承诺和誓言，所以他们对喂食表现出极大的热爱。他们的猫一天至少要吃四顿饭，外加一碗饼干和一些零食（火腿、奶酪、猫咪奶昔和对虾）。当然，别忘了，还有星期五的白鱼、星期天的烤鸡以及每天早上猫主人从自己的牛奶泡谷物里倒出的一点奶。喂食狂相信：每当自己的猫搞出动静来，都是想说"喂我"，任何拒绝这个要求的想法都是罪恶的。这么下来几年后，她的猫大部分时间都待在室内，看起来似乎是因为太爱自己的主人了，其实是这猫已经再也无法像正常的猫那样通过活动板猫洞了。即便如此，他们还是喂个不停。当猫需要挣扎着从沙发上下来吃东西时，喂食狂会想出个方便的方法"在床上"喂猫。他们换过好几次兽医，因为有几个无礼的家伙胆敢说他们的猫有危险的肥胖症。喂食狂看到互联网上那些大腹便便的猫懒洋洋地躺在沙发上，旁边放着啤酒瓶和比萨，他们会充满爱意地哈哈大笑。避免对喂食狂使用这几个词：脂肪、超重、病态肥胖、糖尿病、易患心脏病和溺爱致死。你永远改变不了喂食狂的想法，但如果你有机会，至少要尝试一下帮忙减少他们那些可怜宠物的热量摄入。

## 奢华爱好者

奢华爱好者是设计师名牌的奴隶。他拥有的一切都是名牌的，他的所作所为都仿佛是潮流的化身。对于这种人来说，一只普通的杂种猫是配不上他的：他会去养热带草原猫、孟加拉猫（当然是 F2 的）、加拿大无毛猫（特别在他认为猫毛是个麻烦的时候）或者其他一些全新的变种猫，尤其是那些罕见又昂贵的。这样的人会花大钱从美国买一只茶杯（迷你版）波斯猫，结果却发现它和普通波斯猫一模一样，只不过是卖家站在离猫很远的地方拍照，才显得它小。他会给自家的猫买镶有钻石的项圈，由于价格高昂，显然他会把猫（和项圈）都关在室内。这只猫将享受室内环境中所能体验到的所有花哨的现代化设施（又是美国水准的待遇），但绝对没有机会过上正常的生活。奢华爱好者不会在意你对猫的了解，这类信息对他而言并不是完全有用的，更不是必要的，因为他的猫是专门为适应这种室内生活而培育出来的品种，它体内并没有什么自然的本能。

## 忙碌妈妈

忙碌妈妈往往有好几个孩子，可能还有好几只猫，但她不确定是不是每只猫都还在家里，或者其中哪只是否已经义无反顾地逃到了街对过那户夫妻家里。有一天，她女儿放学回家之后一直央求要一只猫，直到她买来一只小猫，女儿才消停卜来。当然，从那时起，只有这位母亲一直负责照顾这只猫，但她很忙，没有注意到她已经六个月大的猫在外的滥交行为，结果多了三只小猫。她留下了其中两只，取名叫布兰斯顿和泡菜。这些猫不会因为生病而被送去看兽医（除了带母猫绝育的那次，或者像忙碌妈妈喜欢的那样说：把它"阉了"）。这些猫要么在屋外，要么在屋里，取决于人们注意到这些猫时，它们是在室外的窗户上嚎叫，还是室内的门垫上嚎叫。这些猫最大的快乐就是能摆脱家里最小的孩子那讨厌的手，可到头来还是经常被好动的小孩子倒提着从房前抓到房后。你的专业知识不一定会给忙碌的妈妈留下深刻印象，但也可能是一个很好的机会，让她了解一下猫在空闲时间会自己选择做什么。

## 爱猫狂人

这一类型的爱猫人士只是一个庞大群体的一部分，这些人起初只是普通的培育员和猫咪福利志愿者，但最终会变成到处干预别人的动物保护协会成员，甚至把人告上法庭。你永远见不到这一群体中最极端的那些个体，因为他们往往暗中行事。所以，还是让真正的专家去对付这些人吧。然而，毫无疑问，你会遇到大量这个群体中其他类型的人。例如，疯狂爱猫的慈善女义工，年龄在50岁以上，已过更年期，认定所有人都想养猫，并大力攻击那些不想养的人。爱猫狂人至少会养六只猫，但实际的数量大概会多得多。这些猫的眼睛、耳朵、四肢等可能是残缺的，因为它们往往是其他人不想养的。这些猫的主人有一套和培育员非常相似的制服（详见"优良育种"），他们的所有饰物、手提包、钢笔、钱包、钥匙圈和文身（这类人一般不喜欢文身）都有猫作为主题图案。他们的房子是对猫的致敬，里面每一件你可以想象到的东西，要么打造成了猫的形状，要么装饰着一张猫的照片。

## "诺曼和诺玛"[①]

"诺曼和诺玛"是养猫人群中的普通人。他们一辈子都断断续续地养着猫，总是能想出些关于猫的趣闻，比如在牧师的膝盖上撒尿啦，或是它偷吃圣诞火鸡。他们爱自己的猫并且认真照顾它们，但除了猫，他们也有着许多其他独立而忙碌的生活内容，只会偶尔考虑买一些猫咪主题的东西。

---

① 诺曼·贝茨（Norman Bates）是美国作家罗伯特·布洛赫（Robert Bloch）于1959年的惊悚小说《惊魂记》（Psycho）创造的人物。其作为连环杀手的另一面呈现为他的分裂人格诺玛·贝茨（Norma Bates）——他的母亲。

他们晚上会把猫放出门，也会给它们喝牛奶、吃麦芽糖，做着各种根据当今的观念是会害死猫的事情。然而，他们的猫总能活到 20 岁。他们可能会短暂地被你吹嘘的关于猫的知识所吸引，但你若是能识别出所有 70 种人工栽培的倒挂金钟属植物，会给他们留下更深刻的印象。

## 猫咪小百科

法国哲学家蒙田曾沉思："当我陪猫玩的时候，我怎么知道它没有觉得是自己在陪我玩？"

猫是一种相当脆弱的动物，它们易患多种疾病，但我从未听说过有猫失眠。

　　——美国作家兼博物学家　约瑟夫·伍德克鲁奇

# 你的猫得了什么病？

## 怎么不在兽医面前看起来像个白痴？

首先，最重要的是你需要对医疗有点常识。你的猫是会生病的。尽管人们说猫有九条命，可它们还是时常会受伤、需要治疗。这正是兽医的用武之地。

兽医有四种类型：

1. **大型动物兽医**　通常是男性，毫无疑问会穿着格子衫（并卷起袖子）、针织领带和灯芯绒裤子，所有这些衣物的颜色都是富有乡村气息的柔和色彩（卡其色、棕色、米色等）。

2. **马医**　精力充沛的男性或女性，与混迹赛马圈的富人和高官相熟，有足够的勇气去给那些身价超过大多数人一生收入的宝马做诊断和治疗。（详见《假行家赛马指南》）

3. **小动物兽医**　老少皆有，但绝大多数是富有爱心的年轻女性，多半穿着颜色和风格都差不多的制服，对狗狗、猫咪怀有极大的热情（通常心里偷偷在猫和狗之间站队）。

**4. 异域动物兽医** 负责治疗特殊动物的兽医数量相当少。这些兽医出于种种原因决定把自己的一生奉献给诸如陆龟、蛇、蜥蜴、鹦鹉、老鼠以及几乎所有其他为了娱乐或利益而饲养的动物，不是狗，不是猫，也不是生活在农场或马术中心的马匹。

上述四种兽医中，你很少需要考虑第一、第二、第四种，小动物兽医显然是治疗猫的最佳选择。尽管兽医们都很尽职，而且在社区里也很受欢迎，但是很多爱猫人士仍觉得去看兽医让自己压力倍增。主人们经常抱怨自己为一个不让他们有异见的诊断或一个他们无法理解的治疗方案而花了一大笔钱。显然假行家不能给兽医吹嘘自己对猫的知识——想都别想！但是，如果你发现自己处于这种情形，你能做的就是坚持自己的态度，让自己看起来像一个有足够的知识来解决这件事的聪明外行人。

兽医是铲屎官生活中非常重要的人。具有讽刺意味的是，当他们心爱的猫通过安乐死结束生命时，兽医才能从客户那里得到最大的赞扬。"安乐死"一词一般不适合在主人面前使用，更多被温和而委婉的"长眠"所替代。在不养猫的人看来确实奇怪，但是兽医给猫进行安乐死的方式，以及他们在安乐死执行期间和完成之后表现出来的同情心，将决定客户对他们行医水准的评价。再花哨的诊断机器或浮于表面的事后道歉信都不能弥补一场被客户认定为很"坏"的安乐死。你可能会对寻常兽医每天都要承担这样的表演压力感到无比同情，但说出这样的想法大概率不会帮助你成为一个优秀的假行家。然而，若你在社交场合遇到一个小动物兽医，提及此类思考，会让你身处高地。千万不要试图对着兽医吹嘘，只要坚持讨论"悲伤管理"和"丧亲咨询"的话题，你就不会给自己惹麻烦。所有优秀的兽医都知道这两点的重要性，并且通常乐于得知他们对此的关注没有被人忽视。

当你和"养猫圈"里的人混得熟到一定程度的时候，你很可能会被请去安慰一些面临与猫相关的麻烦和困难的人。如果有谁的猫生病或受伤了，那么他们往往会情绪激动，而某人（比如你）需要在他们身边扮演一个冷静、理性的人，以便在周围其他人都开始情绪失控之前及时扭转大局。当你的熟人在兽医那里等待着一个大概率很坏的消息时，下述内容将会告诉你怎么应对后续的糟糕场面。

保持冷静、礼貌，最重要的是必须理智。请记住，尽管你经常吹嘘自己对猫有多了解，这种时候就不要再继续说这些了。去做那些你认为在这种情境中正确的事情。

不要害怕向兽医提这些问题：

· 鉴别诊断的结果是什么？（您觉得猫可能得了什么病？）
· 您需要做哪些检查来进行深入诊断？
· 这些检查对猫来说有多痛苦？
· 根据诊断结果，怎么治疗？预后如何？

千万不要说："我在网上看到……"这种话会让兽医生气，并立刻变得不想理你。兽医通过多年的学习和实践获得他们的知识，他们很清楚自己的水平。你可别在网上看到一句："因为我说过……"就信以为真。

记录下你需要了解的所有相关事项，能让你变得更有能力去处理各种情况。尽管如此，你还是应该事先做些准备，这样才能注意到一些常见的可能出错的地方。兽医一般会使用非专业术语，但如果他们说的都是行话，你也得想办法跟上他们的节奏。

如果你和猫主人对预后持怀疑态度，建议预约和兽医再谈一次——但是不要带上猫（无疑会让猫松一口气）。这种情况下交流的状态将与之前截然不同，主人不再像有猫在场的时候那么情绪化，所以往往能让沟通更高效。

如果兽医发现很难做出诊断，换句话说，如果他的诊断存在疑虑，不要怯于要求他重新做诊断或把猫转诊给其他专家。这是此类情况下的标准程序，任何兽医都不会因此觉得被冒犯。这么做也会让你显得非常自信和有控制力。

将一些常见疾病、伤害和症状记在脑子里，可以帮助假行家在兽医专业术语的雷区畅行无阻，对假行家毫无害处。你需要的仅仅是习惯使用缩写词——没有 FeLV、FIV、FIP、FIC、FORL 或 IBD 的兽医词典都是残次品。在镜子前练习这些词，但得一个字母一个字母地读，千万不要把它们当做一个单词那样拼读出来。没人会那么做。

## 非专业人士的兽医术语指南

以下所举可以说是猫最可能遭遇的常见疾病、症状和外伤。把它们牢记在心，你就不用一直翻书查看了。

### 急性肾功能衰竭（ARF）

急性肾衰竭可由尿路内的感染、毒素或阻塞引发。

### 过敏性跳蚤皮炎

过敏性跳蚤皮炎是猫被跳蚤叮咬后对其唾液过敏而引发的皮肤瘙痒、皮肤鳞状化或被毛脱落。

### 关节炎（骨关节炎）

关节部位的炎症，会引发疼痛，也经常导致猫的活动受限。关节炎多发于猫咪的髋关节、肘关节和脊柱。

### 肛门腺堵塞

肛门腺位于"3 点 40 分"的位置上（信不信由你，猫的屁股长得像一个钟面）。肛门腺中积存液体，偶尔会积聚起来，导致不适。肛门腺堵塞会让猫在地板上乱蹭，或者不停地着迷似的舔舐肛门周围的毛。啊，养猫的乐趣。

### 猫咬脓肿

猫咬脓肿因被另一只猫那布满细菌的利齿在战斗中刺破皮肤而引发。

### 猫流感／猫疱疹病毒感染／猫杯状病毒病

病毒可以通过打疫苗抵御，但疫苗也会让猫流鼻涕、流眼泪、舌头长溃疡。欢迎来到猫的奇妙世界。

## 慢性肾功能衰竭（CRF）

慢性肾衰竭是一种常见于老年猫的疾病，会导致猫食欲下降、体重减轻和脱水。

## 结膜炎

猫眼眼周粉红色部位发生的炎症，会引发疼痛、眯眼、摩擦眼部、眼部分泌物和眼睛发红。

## 视网膜脱离

视网膜脱离可能由高血压或头部被重击而引发，通常会使猫失明。

## 糖尿病

猫患糖尿病的症状和人类一样：喝很多也尿很多，吃很多可体重却大幅下降（但最大幅的体重下降往往是因为截肢）。

## 猫膈疝

猫膈疝通常由汽车碰撞导致，这会使得猫的重要器官彻底错位。

**耳螨**

耳螨是寄生在猫耳道中的寄生虫，会让猫因发炎而疼痛、不断摇头、分泌深褐色耳垢并猛烈抓挠自己的耳朵。

**猫特发性膀胱炎（FIC）**

与猫应激紧张相关的膀胱壁炎症，会让猫疼痛，尿中带血，甚至完全不能排尿。

**猫传染性腹膜炎（FIP）**

"猫传腹"是一种由冠状病毒引起的致命疾病，最好别让猫染上。

**猫免疫缺陷病毒（FIV）**

一种与HIV病毒类似的逆转录病毒引发的疾病，不过猫免疫缺陷病毒无法传染给人类。

**猫白血病病毒（FeLV）**

一种影响免疫系统的病毒性疾病。假行家需要知道的是有那么一种疫苗可以预防这种病。

**猫破牙质细胞重牙吸收性病变（FORL）**

这种"牙吸收"病会让猫牙齿底部的牙龈边缘出现一个暴露出神经的洞，往往伴随猫的不断嚎叫。

## 食物过敏

食物过敏可表现为猫的皮肤瘙痒、过度舔毛、呕吐或腹泻。再次欢迎来到猫的世界。

## 下颌骨骨折

猫的下巴碎了，常见于遭遇道路交通事故的猫。

## 甲状腺功能亢进症

甲状腺上长出的会引起猫新陈代谢增强的肿瘤，通常伴随着严重的体重下降。

## 肥厚性心肌病（HCM）

导致猫心壁增厚的心脏病。信不信由你，并不是所有的猫都没心没肺的。

## 炎症性肠病（IBD）

可引起猫腹泻、体重减轻、呕吐和全身的不适。

## 淋巴瘤

淋巴结上长了坏肿瘤。猫也会得癌症。

## 肥胖

你不得不把肥胖也列入这份病症清单。饮食过量是导致猫患上心脏病、糖尿病，出现关节病变的主要原因。在猫的世界，以爱谋杀的现象十分严重。

### 胰腺炎

猫胰腺发生的炎症，和人类的胰腺发炎一样不适。

### 骨盆骨折

猫骨盆骨折常见于交通事故和高处跌落。

### 牙周病

猫牙齿上的牙菌斑和牙垢堆积引发的疾病，会导致牙龈腐蚀和发炎、牙齿松动。没有牙齿的猫是不可能快乐的。

### 猫癣

猫癣是一种由真菌引发的皮肤感染，对猫和人都有传染性。对付这种病，最好听取真正专家的建议。

### 鳞状细胞癌（SCC）

鳞状细胞癌是一种会导致猫的耳尖、眼睑和鼻子结痂的癌症，最常见于那些有白色耳朵和鼻子的猫。

### 尾部拉伤

尾部拉伤常见于被卷入交通事故或试图从门缝里抽出被卡住

的尾巴的猫。

尿结石

猫尿中的结晶物聚集在一起形成膀胱中的结石。

## 替代疗法和互补疗法

爱猫人士也能接受给猫采取替代疗法或互补疗法。正如你所知道的，猫接受理疗、指压按摩、针灸、正骨、草药疗法、顺势疗法①、点穴、熏香、气功、泰灵顿触摸疗法（不断用特殊方式触摸和移动猫，以提高猫对人类接触的忍耐度）等治疗手段并不是闻所未闻的，它们还可能接受各种用以增强体质的食疗方案。甚至所谓的动物通灵者也会收到许多绝望主人的咨询要求，以寻求为猫找到治病的方法。当然，最好避免鼓励猫主人做这种事。

## 猫咪小百科

### 世界各地的迷信

据说一只三花猫可以使房子远离火灾（本书还是鼓励更常规的办法：使用烟雾探测警报器）。

人们相信每只黑猫身上都有一根白毛，如果有人可以在不被抓伤的情况下拔下这根毛，就会收获财富或爱情（不要在家里尝试，除非你相信财富和爱情可以在急诊室里找到）。

---

① 顺势疗法属替代医学，其理论基础是"以同类制剂治疗同类疾病"。

为了完成你成为（假）行家的训练，你需要记住几个重要的规则。首先，所有爱猫人士都是友好而充满善意的。虽然他们经常会是很好的伙伴，但你仍然不要去给他们下类似"选我还是选猫！"的最后通牒。对他们而言，你是可替换的，但猫不是。其次，猫有能力成为任何人都想要的东西，因此它是完美的伴侣——人不大能做到这一点。即使穿上有着胡须和傻傻的耳朵的猫形连体衣，人也办不到，所以请不要做出这种尝试。

　　当你结束这段旅程时，如果你发现自己突然异想天开地打开视频网站去搜索猫弹钢琴的最新片段，或者开始经常在百货商店的豹纹软家具周围徘徊，请不要惊慌。也许爱猫症正在蔓延，但它并没有听起来那么不祥。

# 名 词 解 释

**活动中心（Activity Centre）**

又称有氧运动中心或猫爬树。这是一种组合型猫抓柱，由多个平台、床和不同高度的支架构成。管它叫有氧运动中心其实是个误会，因为猫很少会在上面做除了睡觉之外的事情。

**领养（Adoption）**

收养二手的、没人认领的或前主人不想要的大猫或幼崽。

**浴盆（Bath）**

猫用来喝水或者折磨蜘蛛玩的地方。对寻常猫而言，千万别用浴盆给它们洗澡。

**培育者（Breeder）**

为了经济利益、声望或兴趣爱好而培育特定种类猫咪（通常是名贵品种）的人。外行人士依靠他们从业时间的长短，或他们在某一时段培育出来的小猫数量来评判他们的专业程度。其实这两个都不是特别好的标准，无法判断他们对猫的了解是不是只有那么点儿。

## 阉割（Castrate）

通过在公猫的阴囊处切开两个小口以移除睾丸，然后将剩下的血管和输精管打结（不要在家里尝试）。此手术也称"去势""净身"或"骟"。

## 猫包（Cat Basket）

又称猫笼或猫箱。猫包是由金属丝、塑料、柳条或纸板（相当愚蠢的选材）制成的容器，用来把猫从一个地方安全地运到另一个地方。通常用于把猫从家里送到兽医那儿，猫往往很不喜欢这玩意。

## 活动板猫洞（Cat Flap）

在房子后门底部开出一个小洞，这样猫就可以来去自如，而主人也不用给猫做免费的门卫了。活动板猫洞通常会导致邻里左右每只猫都会在这栋房子来去自如。

## 猫薄荷（Catnip）

一种风干后的草本植物，名为荆芥。当猫食用、吸入或在其

中打滚时，通常会感到很兴奋。这种植物不会让猫上瘾，也没什么害处，但可能让猫分泌大量口水。

### 腹泻（Diarrhoea）

常见于暴饮暴食或在垃圾桶捡东西吃的猫。腹泻会导致猫在不合适的地方排遗，比如主人的羽绒被上或客厅的地毯上。它也被叫做"内急"。

### 饮水器（Drinking Fountain）

一种可以买到的产品，它通过"水龙头"从水箱抽水，然后供猫饮用流动水。一些猫很喜欢这么喝水，而另一些猫却视而不见，更喜欢主人床头柜上的那杯水。

### 野化猫（Feral）

即散养的家猫。当人们谈到这种猫时，你可能还会听到常见的错误说法"野猫"或"野生猫"，你别混淆就行了。

### 跳蚤（Fleas）

生活在猫毛里的棕色小寄生虫，会在猫主人的地毯上产卵。肉眼几乎看不见跳蚤，但如果在猫的床上发现了黑色的像小逗号一样的东西，就说明你家有跳蚤。（假行家会知道，把它们放在一张白纸上，再滴一滴水上去，它们的身体就会变红——这是从宿主身上吸来的血。）

## 裂唇嗅（Flehmen）

猫科动物用犁鼻器"品尝"气味时会露出恍惚的神情，往往包括嘴巴大张、眼神空洞。

## 发球（Hairball）

又称毛球，是猫吐出来的一种毛茸茸的香肠状"礼物"，由猫不慎吃入的毛发以及食物和唾液压缩而成。通常，主人举行家宴前，会在餐桌下发现这东西。

## 胸背套（Harness）

套在猫的腹部和脖子上的一种皮革装置，方便主人带着猫在公园里散步时给猫系上一根牵引绳。但这种装置很少给主人或猫带来快乐的体验，因为猫决不愿意被人牵着走。

## 干粮（Kibble）

也被称为饼干、肉干、肉粒，用来喂猫的小而干的棕色颗粒状食物。干粮都有肉（牛肉、羊肉等）的味道，与猫的自然饮食没有什么相似之处。

## 猫砂（Litter）

一种被商业化大规模生产的垫料，旨在鼓励猫养成于室内托盘中排遗、排泄的习惯。它或由木材、纸张、玉米、二氧化硅或漂白土制成——所有这些原材料都是可持续的环保资源。

### 猫砂盆（Litter Tray）

也被称为猫厕所或猫砂盘，一般是一个装着猫砂的矩形容器。如今现在还有先进的自动清洁猫砂盆和电动猫砂盆，但这两种东西往往会让猫选择在地毯上解决问题。

### 微芯片（Microchip）

一种米粒大小的小芯片，植入猫脖子后面的皮肤下，扫描后可以提供有关猫及其主人的信息。芯片的主要目的是识别走失的猫，但有些芯片甚至能提供有关体温的信息，因此不需要直接往猫的直肠里插入温度计来量体温。大多数猫都对这一功能深表赞赏。

### 肥胖（Obese）

"肥胖"这个词不被爱猫人士所接受，他们更喜欢用"被宠坏的""被毛厚实""骨架子大"这样的词。

### 捕食（Predation）

食物链的具象化表现，也被称为"种间谋杀"。

### 救助（Rescue）

一个概括性词语，可以指组织或个人重新为被遗弃的猫和没人要的小猫找到新的主人。当一个主人实在没办法继续养猫时，猫咪顾问也可以这样做。

### 蹭地（Scooting）

猫把后腿抬于空中，让屁股在地毯上摩擦，同时靠前腿牵引向前移动的动作。这种行为通常由寄生虫或肛门腺堵塞肛门导致。

### 猫抓柱（Scratching Post）

由一根被剑麻绳覆盖的柱子和一个棉毯包裹的底座构成，猫可以用它来磨爪子。但猫抓柱经常被猫无视，沙发扶手总是更能引起猫的兴致。

### 命运的后脖颈（Scruff）

猫脖子后部松弛的皮肤，有些不明事理的人会试图抓住这个部位来控制住一只猫。这只猫可能暂时按兵不动，但它会心怀怨恨，如果再遇到这个人，它无疑会奋力反击。

### 母猫绝育（Spay）

通过切除卵巢和子宫使母猫绝育。猫不一定喜欢，但据说可以延长它们的寿命，避免其陷入发情的可怕状态。

### 驱虫滴剂（Spot-On）

在治疗猫身上的跳蚤或其他寄生虫时，需要分开猫脖子后面的毛发并在其皮肤上涂抹这些液体。说真的，这东西应该被称为"泼剂"，因为大多数主人在实践中都是直接往猫身上乱泼的。

### 斑纹（Tabby）

一种常见的被毛图案，包括条纹或斑点；斑纹有各种颜色，例如褐色、灰色或姜黄色。换句话说，这种毛色看起来有点杂。

### 玳瑁色（Tortoiseshell）

一种被毛颜色，也作"tortie"。玳瑁色猫的被毛图案是白色、姜黄色和黑色的斑点或深姜黄色和深黑色斑点的混合。这种猫常常被称为"淘气的乌龟"。

### 疫苗（Vaccination）

一只猫需要每年或每三年接种一次疫苗。疫苗能保护猫免受一些主要传染病的侵害，但猫是肯定不喜欢疫苗的。

### 缬草（Valerian）

指缬草植物的根。把这东西加入猫的玩具中，会对一些猫产生类似猫薄荷的效果，而且逗完猫之后还可以让猫愉快地打个盹儿。

### 呕吐（Vomiting）

猫在吃了太多的食物、草或自己的毛后，会经常性地呕吐。呕吐也是许多猫科疾病的常见症状。因此，许多猫主人选择颜色接近呕吐物的地毯并非巧合。

## 寄生虫（Worms）

寄生虫可能是圆形的（身体细长，白色）或带状的（身体分节，白色），它们都会侵扰猫的消化道，因此需要定期进行驱虫治疗。

## 人畜共患传染病（Zoonosis）

任何能在人和动物之间传播的疾病。如果你对一只猫所患病症有疑虑的话，别去亲它。

# 译名对照表

## 猫咪品种

阿比西尼亚猫（Abyssinian）

埃及猫（Egyptian Mau）

安哥拉猫（Turkish Angora）

奥西猫（Ocicat）

巴厘猫（Balinese）

北美洲短毛猫（Pixie-Bob）

彼得秃猫（Peterbald）

波曼猫（Birman）

波米拉猫（Burmilla）

波斯猫（Persians）

布偶猫（Ragdoll）

德文卷毛猫（Devon Rex）

蒂凡尼猫（Tiffanie）

东方短毛猫（Oriental Shorthair）

东方长毛猫（Oriental Longhair）

东奇尼猫（Tonkinese）

俄罗斯蓝猫（Russian Blue）

加拿大无毛猫（Sphynx）

金吉拉猫（Chinchilla）

康沃尔王猫（Cornwall）

科拉特猫（Korat）

拉邦猫（La Perm）

马恩岛猫（Manx）

曼基康猫（Munchkin）

美国短毛猫（American Shorthair）

美国短尾猫（American Bobtail）

美国卷耳猫（American Curl）

孟加拉猫（Bengal）

孟买猫（Bombay）

缅甸猫（Burmese）

缅因猫（Maine Coon）

挪威森林猫（Norwegian Forest Cat）

热带草原猫（Savannah）

日本短尾猫（Japanese Bobtail）

塞尔凯克卷毛猫（Selkirk Rex）

苏格兰折耳猫（Scottish Fold）

索马里猫（Somali）

土耳其梵猫（Turkish Van）

玩具虎猫（Toyger）

威尔士猫（Cymric）

西伯利亚森林猫（Siberian）

夏威夷无毛猫（Kohana）

暹罗猫（Siamese）

新加坡猫（Singapura）

雪鞋猫（Snowshoe）

亚洲猫（The Asian）

异域短毛猫（Exotic Shorthair）

英国短毛猫（British Shorthair）

## 猫咪常见疾病

耳螨（Ear Mites）

肥厚性心肌病（Hypertrophic Cardiomyopathy，HCM）

肥胖（Obesity）

肛门腺堵塞（Blocked Anal Glands）

骨关节炎（Osteoarthritis）

骨盆骨折（Pelvic Fractures）

关节炎（Arthritis）

过敏性跳蚤皮炎（Allergic Flea Dermatitis）

急性肾功能衰竭（Acute Renal Failure，ARF）

甲状腺功能亢进症（Hyperthyroidism）

结膜炎（Conjunctivitis）

淋巴瘤（Lymphoma）

鳞状细胞癌（Squamous Cell Carcinoma，SCC）

慢性肾功能衰竭（Chronic Renal Failure，CRF）

猫白血病病毒（Feline Leukaemia Virus，FeLV）

猫杯状病毒病（Cat Calicivirus）

猫传染性腹膜炎（Feline Infectious Peritonitis，FIP）

猫膈疝（Diaphragmatic Hernia）

猫流感（Cat Flu）

猫免疫缺陷病毒（Feline Immunodeficiency Virus，FIV）

猫疱疹病毒感染（Cat Herpes）

猫破牙质细胞重牙吸收性病变（Feline Odontoclastic Resorptive Lesion，FORL）

猫特发性膀胱炎（Feline Idiopathic Cystitis，FIC）

猫癣（Ringworm）

猫咬脓肿（Cat Bite Abscess）

尿结石（Urolithiasis）

食物过敏（Food Hypersensitivity）

视网膜脱离（Detached Retina）

糖尿病（Diabetes）

尾部拉伤（Tail Pull Injury）

下颌骨骨折（Fractured Mandibular Symphisis）

牙周病（Periodontal Disease）

炎症性肠病（Inflammatory Bowel Disease，IBD）

胰腺炎（Pancreatitis）

## 其他猫科动物

豹（leopard）

丛林猫（jungle cat）

虎猫（ocelot）

假猫（*Pseudaelurus*）

虎（tiger）

猎豹（cheetah）

美洲豹（jaguar）

狞猫（caracal）

欧洲野猫（European Wildcat，*Felis silvestris*）

猞猁（lynx）

狮子（lion）

薮猫（serval）

兔狲（Pallas's cat）

细腰猫（jaguarundi）

小古猫（miacid）

亚非野猫（African Wildcat，*Felis silvestris lybica*）

亚洲豹猫（Asian Leopard cat）